# 电工基础视频教程

曹 峥 主编
祁莉莉 白润峰 副主编

化学工业出版社
·北京·

## 内容简介

本书根据电工工作的岗位技能要求，结合当前电气技术在各行业中的应用情况，全面系统地介绍了一名合格电工所需要掌握的各项基础知识与技能。全书结合视频讲解，采用图文并茂的形式，介绍了直流电路、交流电路与电工识图知识，以及常用电子元器件及应用、常用工具/仪表使用及注意事项、低压电器与电气元件、供配电及用电安全、电气照明及线路安装、电动机控制及应用、变频器检测与应用、PLC编程及应用等内容。

本书既可满足电工从业人员以及初学者系统学习的需要，还可以供职业院校、培训部门教学参考。

### 图书在版编目（CIP）数据

电工基础视频教程/曹峥主编．—北京：化学工业出版社，2023.7

ISBN 978-7-122-43318-3

Ⅰ.①电… Ⅱ.①曹… Ⅲ.①电工-教材 Ⅳ.①TM1

中国国家版本馆CIP数据核字（2023）第068563号

---

责任编辑：刘丽宏　　文字编辑：陈　锦　李亚楠　陈小滔
责任校对：刘曦阳　　装帧设计：刘丽华

---

出版发行：化学工业出版社
　　　　（北京市东城区青年湖南街13号　邮政编码100011）
印　　刷：三河市航远印刷有限公司
装　　订：三河市宇新装订厂
710mm×1000mm　1/16　印张14$\frac{1}{2}$　字数264千字
2024年2月北京第1版第1次印刷

购书咨询：010-64518888　　　　　售后服务：010-64518899
网　　址：http://www.cip.com.cn
凡购买本书，如有缺损质量问题，本社销售中心负责调换。

定　　价：69.80元　　　　　　　　版权所有　违者必究

# 前言

近年来伴随电子、电气技术的飞速发展，各行业电气化水平不断提高，电工、电气技术人员的需求非常旺盛。电工从业人员或初学者，要成为一名合格的电工，需要掌握一定的电工基础知识和技能。为此，针对电工工作的特点和知识盲点，适应当前技能型人才培养学习的需要，组织编写了本书。

本书根据电工工作的岗位技能要求，结合当前电气技术在各行业中的应用情况，全面系统地介绍了一名合格电工所需要掌握的各项基础知识与技能。

全书内容具有以下特点：

·**全彩图解，电工知识介绍全面、系统**：书中以彩色图解形式，采用通俗的语言，重点讲解了电工必须掌握的电路基础知识、电子基础知识、常用工具/仪表使用及注意事项、电路识图、低压电器与电气元件、供配电及用电安全、电气照明及线路安装、电动机控制及应用、变频器检测与应用、PLC编程及应用等内容。

·**配套学习资源齐全**：扫描正文及附录中二维码可以观看视频，详细学习电工操作、电动机维修及PLC编程与应用。

本书既可供电工从业人员、初学者自学，也可以作为相关技能培训部门、职业院校的教学参考书。

本书由曹峥主编，祁莉莉、白润峰副主编，参加编写的还有张伯龙、张校铭、王桂英、顾洺栋、孙泽峥、张胤涵、曹振华、张校珩、孔凡桂、曹祥、张伯虎等。

由于水平所限，书中不足之处难免，恳请广大读者批评指正（欢迎关注下方公众号二维码交流咨询）。

编者

# 目 录

## 第一章 电工必备的基础知识 001

### 第一节 电的基本概念与定律 001
一、电荷的产生 001
二、电压 002
三、电流 003
四、电阻 004
五、电容和电容器 005
六、右手螺旋定则 005
七、左手定则 006
八、右手定则 007
九、欧姆定律 007

### 第二节 交流电的形成与交流电的接法 008
一、交流电的工作原理 008
二、三相交流电的工作原理 009
三、三相四线制供电线路 010
四、星形接法 010
五、三角形接法 012

## 第二章 电子基础知识 014

**视频页码**
14, 16, 17,
19, 20, 21,
22, 24

### 第一节 常用电子元器件 014
一、电阻器 014
二、电容器 016
三、电感器 016
四、二极管与整流桥 017
五、三极管 018
六、晶闸管 020
七、扬声器与蜂鸣器 021
八、晶振与压控晶体振荡器 022
九、集成电路与三端稳压器 022
十、数码管 024

### 第二节 电子单元电路分析 024
一、单管基本放大电路 024
二、单相整流电路 027
三、单相桥式整流电路 030
四、滤波电路 031
五、稳压电路及集成稳压器 033
六、集成运算放大电路的应用 036

| 第一节 常用电工工具 | 043 |
|---|---|
| 第二节 常用电工仪表的使用 | 043 |
| 一、数字万用表 | 043 |
| 二、钳形电流表 | 047 |
| 三、兆欧表 | 049 |
| 四、电工安全用具 | 053 |

# 第三章
## 电工工具与仪表
043

**视频页码**
43、44、53

| 第一节 电工识图及常用符号 | 054 |
|---|---|
| 一、电气设备常用基本文字符号与用法 | 054 |
| 二、电工常用图形符号 | 059 |
| 三、弱电常用图形符号 | 062 |
| 四、电工电子器件符号 | 065 |
| 第二节 电工电路识图 | 066 |
| 一、电气控制电路图的规则 | 066 |
| 二、电路连接线的表示方法 | 068 |
| 三、识读电气图的方法和步骤 | 071 |
| 四、电路识图实例 | 072 |

# 第四章
## 电工识图
054

| 一、熔断器 | 075 |
|---|---|
| 二、按钮开关 | 078 |
| 三、交流接触器 | 080 |
| 四、热继电器 | 084 |
| 五、中间继电器 | 086 |
| 六、时间继电器 | 089 |
| 七、断路器 | 091 |
| 八、万能转换开关 | 096 |
| 九、行程（限位）开关 | 098 |
| 十、指示灯 | 100 |
| 十一、接近开关 | 101 |

# 第五章
## 常用低压电器与应用
075

**视频页码**
79、80、85、
87、91、92、
97、99、106

| 第一节 认识各种电动机 | 107 |
|---|---|
| 一、电动机的分类 | 107 |
| 二、电动机的铭牌 | 108 |
| 三、三相电动机故障及检修 | 111 |

# 第六章
## 电动机及应用
107

**视频页码**

111, 118,
124, 125,
126, 127,
132

第二节　单相电动机　113
一、单相电动机的结构和种类　113
二、单相电动机绕组技术参数　116
三、单相电动机常见故障与检修　117
第三节　同步发电机　118
一、同步发电机的原理　118
二、同步发电机的型号　120
三、同步发电机的维护与检修　121
第四节　直流无刷电机　124
一、无刷电机的结构　124
二、磁极对数的配合　125
三、无刷电机的绕组与接线　125
第五节　同步电动机　127
一、同步电动机的结构　127
二、同步电动机的检修　127
三、直流伺服电动机　128
四、步进电机　131

# 第七章
## 电工常用控制电路

134

**视频页码**

134, 135,
137, 138,
141, 143,
145, 147,
148, 149,
150, 157

第一节　常用建筑配电及照明电路　134
一、单开单控面板开关控制一盏灯接线　134
二、双开单控面板开关控制两盏灯接线　134
三、单开双控面板开关控制一盏灯接线　135
四、声光控延时开关接线　136
五、家庭暗装配电箱接线　136
六、单相电能表与漏电保护器的接线电路　136
七、三相四线制交流电能表的接线电路　138
八、三相三线制交流电能表的接线电路　139
第二节　常用电动机控制电路接线　139
一、电动机直接启动控制线路　139
二、带保护电路的直接启动自锁运行控制电路　140
三、电动机三个交流接触器控制Y-△降压启动控制电路　142
四、三相电机正反转启动运行电路　145
五、制动控制电路接线　147
六、单相双电容电动机正反转电路接线　148
第三节　常用机床与机械设备控制电路分析与检修　150
一、CA6140型普通车床的电气控制电路　150
二、摇臂钻床线路检修　152
三、搅拌机控制电路　155
四、电葫芦（天车）电路　156

第一节　通用变频器的工作原理　160
一、变频器的基本结构　160
二、通用变频器的控制原理及类型　161
第二节　实用变频器应用与接线　165
一、标准变频器典型外部配电电路与控制面板　165
二、单相220V进单相220V输出变频器用于单相电动机启动运行控制电路　167
三、单相220V进三相220V输出变频器用于单相220V电动机启动运行控制电路　169
四、单相220V进三相220V输出变频器用于380V电动机启动运行控制电路　170
五、单相220V进三相380V输出变频器电动机启动运行控制电路　173
六、三相380V进380V输出变频器电动机启动控制电路　175
七、带有自动制动功能的变频器电动机控制电路　177
八、用开关控制的变频器电动机正转控制电路　178
第三节　变频器的维护与检修　183

第一节　西门子 S7-1200 PLC概述　184
第二节　博途软件及应用　185
一、博途软件的功能　185
二、博途软件的组成　185
三、博途软件的安装要求　185
四、博途软件的安装步骤　185
五、博途软件的使用方法　185
第三节　西门子 S7-1200 PLC编程基础　186
一、用户程序　186
二、编程方式　186
三、使用库　186
第四节　西门子 S7-1200 PLC编程语言与指令系统　186
第五节　PLC控制电路接线与调试、检修　187
一、PLC控制三相异步电动机启动电路　187
二、PLC控制三相异步电动机串电阻降压启动　188
三、PLC控制三相异步电动机Y-△启动　190
四、PLC控制三相异步电动机顺序启动　192
五、PLC控制三相异步电动机反接制动　194
六、PLC控制三相异步电动机往返运行　196
第六节　触摸屏及应用　199
一、触摸屏及其软件基础　199

## 第八章
变频器控制技术及应用
160

视频页码
165, 168, 169, 171, 172, 174, 176, 179, 183

## 第九章
可编程控制器（PLC）及应用技术
184

视频页码
184, 185, 186

**视频页码**
199, 201

| 二、触摸屏应用实例 | 199 |
| --- | --- |
| 第七节　人机交互界面触摸屏及仿真、应用 | 199 |
| 第八节　PLC变频器综合应用 | 200 |
| 一、变频器的PID控制电路 | 200 |
| 二、PLC与变频器组合实现电动机正反转控制电路 | 204 |
| 三、PLC与变频器组合实现多挡转速控制电路 | 209 |

## 第十章　电工常用计算
216

| 第一节　交流电路计算 | 216 |
| --- | --- |
| 第二节　直流电路计算 | 216 |
| 第三节　变压器常用计算 | 216 |
| 第四节　电动机常用计算 | 216 |
| 第五节　导线的截面选择计算 | 216 |
| 第六节　高、低压电器选择计算 | 216 |

**视频页码**
216

## 第十一章　电工用电安全
217

**视频页码**
217

## 附录　电工操作与PLC编程视频教学
218

| 一、电工操作与电动机维修视频教学 | 218 |
| --- | --- |
| 二、西门子S7-1200/1500 PLC编程视频教学 | 219 |
| 三、三菱PLC编程入门视频教学 | 219 |

## 参考文献
221

# 电工基础视频教学目录

| 名称 | 页码 | 名称 | 页码 |
| --- | --- | --- | --- |
| 数字万用表测量普通电阻 | 14 | 电工安全带的正确使用 | 53 |
| 指针万用表测量普通电阻 | 14 | 电工绝缘手套的正确使用 | 53 |
| 电阻排的测量 | 14 | 电工脚扣登高规范作业 | 53 |
| 数字万用表测量电容器 | 16 | 按钮开关的检测 | 79 |
| 指针万用表测量电容器 | 16 | 接触器的检测 | 80 |
| 电感器的检测 | 17 | 热继电器的检测 | 85 |
| 指针表检测二极管 | 17 | 中间继电器的检测 | 87 |
| 数字表检测二极管 | 17 | 电子时间继电器的检测 | 91 |
| 数字表检测三极管 | 19 | 通电延时时间继电器和断电延时时间继电器的区分 | 91 |
| 指针表检测三极管 | 19 | 断路器的检测 | 92 |
| 数字表在路测量三极管 | 19 | 万能转换开关的检测 | 97 |
| 指针表在路测量三极管 | 19 | 行程开关的检测 | 99 |
| 单向晶闸管的测量 | 20 | 接近开关的检测 | 106 |
| 双向晶闸管的测量 | 20 | 三相电动机绕组检测 | 111 |
| 电声器件的检测 | 21 | 单相电动机绕组检测 | 118 |
| 晶振的检测 | 22 | 无刷电机的拆卸 | 124 |
| 稳压器误差放大器的测量 | 24 | 无刷电机的组装 | 124 |
| 电笔的使用 | 43 | 无刷电机的接线 | 125 |
| 常用电工工具 | 43 | 无刷电机的绝缘和绕组制备 | 125 |
| 电烙铁的安全使用 | 43 | 无刷直流电动机第一相绕组展开图 | 126 |
| 手枪钻的安全使用 | 43 | 无刷直流电动机第二相绕组展开图 | 126 |
| 导线液压钳压线方法 | 43 | 无刷直流电动机第三相绕组展开图 | 126 |
| 电工剥线钳的使用技巧 | 43 | 交流同步发电机的工作原理 | 127 |
| 配电室常用电工工具与使用技巧 | 43 | 步进电机的检测 | 132 |
| 数字万用表的使用 | 44 | 单开单控面板开关控制一盏灯接线 | 134 |
| 指针万用表的使用 | 44 | 双开单控面板开关控制两盏灯接线 | 135 |
| 钳形电流表的使用 | 47 | 单开双控面板开关控制一盏灯接线 | 135 |

| 名称 | 页码 | 名称 | 页码 |
| --- | --- | --- | --- |
| 双控开关电路检修 | 135 | 变频器的维护与保养 | 183 |
| 单开五孔开关接线 | 135 | 西门子S7-1200PLC概述 | 184 |
| 单开五孔面板控制一盏灯接线 | 135 | 博途软件的安装 | 185 |
| 家庭装修面板开关和插座安装原则与操作 | 137 | 博途软件及应用 | 185 |
| 明电配电箱安装全过程 | 137 | 博途软件的组态 | 185 |
| 暗线配电箱 | 137 | 博途软件的使用 | 185 |
| 家庭五孔插座接线 | 137 | 用户程序 | 186 |
| 单插座与带开关插座接线 | 137 | 编程方式 | 186 |
| 多联插座的安装 | 137 | 使用库 | 186 |
| 单相电度表与漏电保护器接线 | 137 | 西门子S7-1200PLC编程语言与指令系统 | 186 |
| 三相四线电度表接线 | 138 | 触摸屏及其软件基础 | 199 |
| 直接启动自锁运行电路 | 141 | 触摸屏应用实例 | 199 |
| 三个接触器控制的星角启动电路 | 143 | 人机交互界面触摸屏及仿真、应用 | 199 |
| 接触器控制电机正反转电路 | 145 | 变频器的PID控制电路 | 201 |
| 电磁抱闸制动控制线路 | 147 | 变频器多挡调速电路 | 210 |
| 单相电动机电容启动运转电路 | 148 | 交流电路计算 | 216 |
| 电容运行式单相电动正反转控制电路 | 149 | 直流电路计算 | 216 |
| CA6140普通车床电气控制电路 | 150 | 变压器常用计算 | 216 |
| 电葫芦及小吊机电路 | 157 | 电动机常用计算 | 216 |
| 大型天车及龙门吊电气接线与原理 | 157 | 导线的截面选择计算 | 216 |
| 变频器的接线 | 165 | 高、低压电器选择计算 | 216 |
| 变频器的安装 | 165 | 触电急救 | 217 |
| 电机变频控制线路与故障排查 | 165 | 电工人员安全须知 | 217 |
| 单相变频器控制电机启动运行电路 | 168 | 电气安全管理 | 217 |
| 单相220V进三相220V输出变频器电路 | 169 | 电气保护接地与接零 | 217 |
| 单相220V进三相220V输出变频器应用电路 | 171 | 电气火灾的扑灭与安全要求 | 217 |
| 变频器与电机星形连接接线 | 172 | 灭火器与消防栓的使用 | 217 |
| 单相220V进三相380V输出变频器应用电路 | 174 | 电工操作与电动机维修视频教学 | 218 |
| 三相变频器电机控制电路 | 176 | 西门子S7-1200/1500 PLC编程视频教学 | 219 |
| 开关控制电机正反转控制电路 | 179 | 三菱PLC编程入门视频教学 | 219 |
| 变频器常见故障检修 | 183 | | |

# 第一章 电工必备的基础知识

## 第一节 电的基本概念与定律

### 一、电荷的产生

构成一切物质的基础是原子,而原子是由原子核及围绕原子核旋转的电子组成的。原子核带正电荷,环绕原子核旋转的电子带负电荷。所有电子的大小、质量和电荷都是完全一样的。不同的化学元素,原子的结构也不同,如图1-1(a)所示为几种原子结构。原子中存在原子核所带正电和电子所带负电互相吸引的作

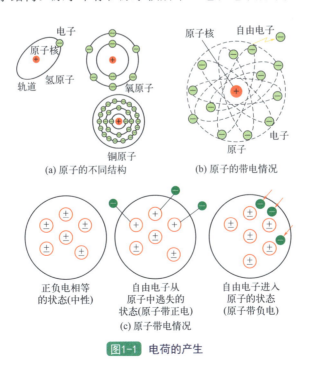

图1-1 电荷的产生

用，所以电子环绕原子核运动而不从原子中飞出去。

完整的原子，原子核所带的正电荷刚好等于它外围所有电子所带的负电荷，所以整个原子就是一个不带电的、呈电中性的粒子。应该注意的是：金属元素的原子中电子数目比较多，它们分布在几层轨道上，如图1-1中的金属原子所示，那些靠近原子核轨道上的电子与原子核的吸引力就比较强，所以不容易脱离原子核。但是最外层轨道上的电子，受原子核的吸引力比较弱，就很容易脱离原子核的束缚，跑到轨道外面去，成为"自由电子"。

这些自由电子在原子间穿来穿去做着没有规则的运动，如图1-1（b）所示。原子失去了最外层电子后，它的电中性就被破坏了，这个原子就带正电，称为正离子，飞出轨道的电子也可能被另外的原子所吸收，这个吸收了额外电子的原子就带负电，称为负离子，如图1-1（c）所示。原来处于电中性状态的原子，由于失去电子或额外地获得电子变成带电离子的过程，叫做电离。

## 二、电压

众所周知，河水总是从高处流向低处。因此要形成水流，就必须使水流两端具有一定的水位差，即水压，如图1-2（a）所示。与此相似，在电路里，使金属导体中的自由电子做定向移动形成电流的原因是导体的两端具有电压。电压是形成电流的必要条件之一。自然界物体带电后就会带上一定的电压，一般情况下，物体所带正电荷越多则电位越高，如果把两个电位不同的带电体用导线连接起来，电位高的带电体中的正电荷便向电位低的那个带电体流去，于是导体中便产生了电流。

在电路中，任意两点之间的电位差，称为该两点间的电压。电压分直流电压和交流电压。电池上的电压为直流电压，它是通过化学反应维持电能量的，电池电压如图1-2（b）所示。而交流电压是随时间周期变化的电压，

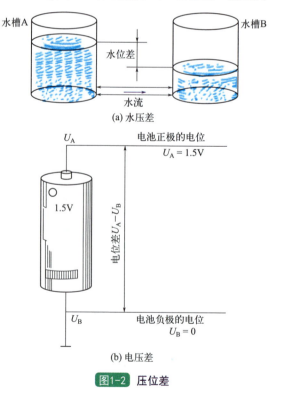

(a) 水压差

(b) 电压差

图1-2 压位差

发电厂的电压一般为交流电压,这种电压就是我们常用的交流电。

所谓电压是指两点之间的电压,它以认定的某一点作为参考点。所谓某点的电压,就是指该点与参考点之间的电位差。一般来说,在电力工程中,规定以大地作为参考点,认为大地的电位等于零。如果没有特别说明,所谓某点的电压,就是指该点与大地之间的电压。电压用字母$U$来表示,其单位是伏特,用符号"V"来表示,大的单位可用千伏(kV)表示,小的单位可用毫伏(mV)表示。它们之间的关系为1kV=1000V,1V=1000mV。

我国规定标准电压有许多等级,绝对安全电压为12V,民用市电单相电压为220V,三相电压为380V,城乡高压配电电压有10kV和35kV,输电电压有110kV、220kV、330kV和500kV等。

## 三、电流

在各种金属中都含有大量的自由电子,如果将金属导体和一个电源连接起来,导体中的自由电子(负电荷)就会受到电池负极的排斥和正极的吸引,使它们朝着电池正极运动,如图1-3(a)所示。自由电子的这种有规则的运动,形成了金属导体中的电流。习惯上人们都把正电荷移动的方向定为电流的方向,它与电子移动的方向相反,这点请大家注意。

在现实中,通常要知道电路中电流的大小。电流的大小可以用每单位时间内通过导体任一横截面的电荷量来计算。电流的单位是安培(A),它是这样规定的,1s内通过导体横截面上的电荷量$Q$为1库仑(C)(注:1库仑相当于

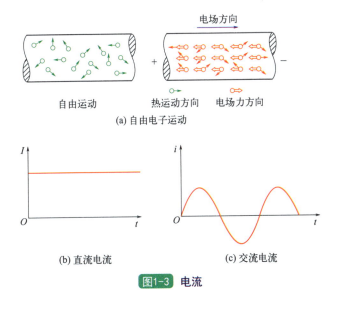

(a) 自由电子运动

(b) 直流电流

(c) 交流电流

图1-3 电流

6.242×10$^{18}$个电子所带的电荷量），则电流大小就是1A，即$1A=\dfrac{1C}{1s}$。

在实际工作中，还常常用到较小的单位，如毫安（mA）和微安（μA），它们的关系是1A=1000mA，1mA=1000μA。

大小和方向都不随时间变化的电流，称为直流电流，如图1-3（b）所示；大小和方向均随时间作周期性变化的电流，称为交流电流，如图1-3（c）所示。在实际生活中，我们最常用交流电。

## 四、电阻

自由电子在导体中沿一定方向流动时，不可避免地会受到阻力，这种阻力是自由电子与导体中的原子发生碰撞而产生的。导体中这种阻碍电流通过的阻力叫做电阻，电阻用符号$R$或$r$表示。

电阻的基本单位是欧姆，用"Ω"来表示。如果在电路两端所加的电压是1伏特（V），流过这段电路的电流是1安培（A），那么这段电阻就定为1欧姆（Ω）。在日常应用中，如果电阻较大，常常采用较大的单位千欧（kΩ）和兆欧（MΩ），关系如下：

$$1kΩ=10^3Ω，1MΩ=10^6Ω$$

导体电阻的大小与制成物体的材料、几何尺寸和温度有关。一般导线的电阻可由以下公式求得：

$$R=\rho\dfrac{l}{S}$$

式中，$l$为导线长度，m；$S$为导线的横截面积，mm$^2$；$\rho$为电阻系数，也叫做电阻度，Ω·mm$^2$/m。

电阻系数$\rho$是电工计算中的一个重要物理常数，不同材料物体的电阻系数各不相同。电阻系数直接反映着各种材料导电性能的好坏。材料导电性能越好，它的电阻系数越小。常用导体材料的电阻系数见表1-1。

表1-1  常用导体材料的电阻系数（20℃）

| 材料 | 电阻系数/(Ω·mm$^2$/m) | 材料 | 电阻系数/(Ω·mm$^2$/m) |
| --- | --- | --- | --- |
| 银 | 0.0165 | 铅 | 0.222 |
| 铜 | 0.0175 | 铸铁 | 0.5 |
| 钨 | 0.0551 | 黄铜 | 0.065 |
| 铁 | 0.0978 | 铝 | 0.0283 |

## 五、电容和电容器

当两个导体中间用绝缘物质隔开时，就形成了电容器。组成电容器的两个导体叫做极板，中间的绝缘物是介质。

电容器是一种储存电荷的容器。为了比较和衡量电容器本身储存电荷的能力，可用每伏电压下电容器所储存电荷量的多少作为电容器的电容量，电容量用字母 $C$ 表示，即

$$C=\frac{Q}{U}$$

式中，$C$ 为电容器的电容量；$Q$ 为极板上的电荷量；$U$ 为电容器两端的电压。

若电压 $U$ 的单位为伏特，电荷量 $Q$ 的单位为库仑，则电容量的单位为法拉，用"F"表示。

在实际应用中，法拉这个单位太大，所以很少使用，一般使用微法（μF）和皮法（pF）为单位，它们的关系是 $1\mu F=10^{-6}F$，$1pF=10^{-12}F$。

## 六、右手螺旋定则

法国物理学家安培通过实验确定了通电导线周围磁场的形状。他把一根粗铜线垂直地穿过一块硬纸板的中部，又在硬纸板上均匀地撒上一层细铁粉。当用电池给粗铜线通上电流时，用手轻轻地敲击纸板，纸板上的铁粉就围绕导线排列成一个个同心圆，如图1-4（a）所示。仔细观察就会发现，离导线穿过的点越近，铁粉排列得越密。这就表明，离导线越近的地方，磁场越强。如果取一个小磁针放在圆环上，小磁针的指向就停止在圆环的切线方向上。小磁针北极（N极）所指的方向就是磁力线的方向。改变导线中电流的方向，小磁针的方向也跟着倒转，说明磁场的方向完全取决于导线中电流的方向。电流的方向与磁力线的方向之间可用右手螺旋定则来判定，如图1-4（b）所示。把右手的大拇指伸直，四指围绕导线，当大拇指指向电流方向时，其四指所指的方向就是环状磁力线的方向。

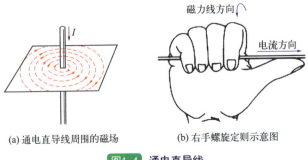

(a) 通电直导线周围的磁场　　(b) 右手螺旋定则示意图

图1-4　通电直导线

## 七、左手定则

取长度为$l$的直导体，放入磁场中，使导体的方向与磁场的方向垂直。当导体通过电流$I$时，就会受到磁场对它的作用力$F$，这种磁场对通电导体产生的作用力叫电磁力，如图1-5（a）所示。实验证明，电磁力$F$与磁场的强弱、电流的大小以及导体在磁场范围内的有效长度有关。

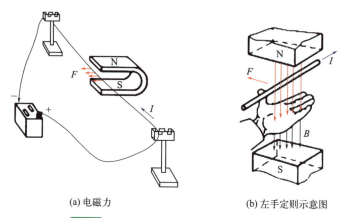

(a) 电磁力　　　　　　　　　(b) 左手定则示意图

图1-5　电磁力与磁感应强度（左手定则）

应用电磁力的概念可以导出一个用以衡量磁场强弱的物理量——磁感应强度。取一根长1m的直导体，如果通过导体的电流为1A，放到不同的磁场中或磁场的不同部位，就会发现，这根通电导体所受到的电磁力各不相同。因此，磁场内某一点磁场的强弱，可用长1m、通有1A电流的导体上所受的电磁力$F$来衡量（导体与磁场方向垂直），定义为磁感应强度，用符号"$B$"来表示，即

$$B = \frac{F}{Il}$$

式中，$F$为电磁力，N（牛顿）；$I$为电流，A（安培）；$l$是导体长度，m（米）。此时，磁感应强度$B$的单位为特斯拉，用"T"表示，$B$是矢量。

如果在磁场中每一点的磁感应强度大小都相同，方向也一致，这种磁场称为均匀磁场。

磁场对通电导体作用力$F$的方向可用左手定则来确定。如图1-5（b）所示，将左手平伸，大拇指和四指垂直，让手心面对磁力线方向，四指指向电流的方向，则大拇指所指的方向就是电磁力的方向。

磁感应强度$B$与垂直于磁场方向的面积$S$的乘积，叫做磁通，用字母$\Phi$表示，单位是韦伯（Wb）。简单地说，磁通可理解为磁力线的根数，而磁感应强度$B$则相当于磁力线密度。磁感应强度$B$和磁通$\Phi$之间的关系，可用下式表示。

$$\Phi = BS$$

$$B=\frac{\Phi}{S}$$

## 八、右手定则

通过实践证明,感应电动势 $E$ 与磁场的磁感应强度 $B$、导体的有效长度 $l$ 以及导线的运动速度 $v$ 成正比,即

$$E=Blv$$

式中,$B$ 为磁感应强度,T;$l$ 为导体有效长度,m;$v$ 为导线运动速度,m/s;$E$ 为感应电动势,V。

上式说明,导体切割磁力线的速度越快,磁场的磁力线越密以及导体在磁场范围内的有效长度越长,感应电动势也越大。换句话说,导体在单位时间内切割的磁力线越多,导体中产生的感应电动势就越大。

直导体中感应电动势的方向可用右手定则来判定。如图1-6所示,右手平伸,手心面对磁力线方向,并使用与四指垂直的大拇指指示导线运动的方向,那么伸直的四指就指向感应电动势和电流的方向。

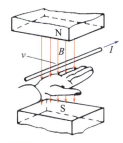

图1-6 右手定则示意图

上述直导体在磁场中做切割磁力线的运动所产生感应电动势的现象,是电磁感应的一个特例。法拉第总结了大量电磁感应实验的结果,得出了一个确定感应电动势大小和方向的普遍规律,称为法拉第电磁感应定律。

法拉第电磁感应定律说明不论由于何种原因或通过何种方式,只要使穿过导体回路的磁通(磁力线)发生变化,导体回路中就必然会产生感应电动势。感应电动势的大小与磁通的变化率成正比,即

$$e=-\frac{\Delta\Phi}{\Delta t}$$

式中,$\Delta\Phi$ 为磁通的变化量,Wb;$\Delta t$ 为时间的变化量,s;$e$ 为感应电动势,V。式中的"-"号是用来确定感应电动势方向的。

若回路是一个匝数为 $N$ 的线圈,则线圈中的感应电动势为

$$e=-N\frac{\Phi}{t}$$

## 九、欧姆定律

一段导体中的电流,跟这段导体两端的电压成正比,跟这段导体的电阻成反比。这个规律叫欧姆定律。公式如下:

$$I = \frac{U}{R}$$

式中，$I$ 表示电流，数值单位是安培（简称安，符号A），电压 $U$ 的数值单位是伏特（简称伏，符号V），电阻 $R$ 的数值单位是欧姆（简称欧，符号Ω）。欧姆定律公式还可以写成以下形式：$U=IR$，变通的欧姆定律公式也可以写成 $R=U/I$。由此可见，已知电路中 $U$、$I$、$R$ 中的任意两个量，便可以用欧姆定律计算出第三个量。

##  第二节　交流电的形成与交流电的接法

### 一、交流电的工作原理

如图1-7（a）是一个简单的交流电路。当交流电源的出线端a为正极，b为负极时，电流就从a端流出，经过电阻 $R$ 流回b端，如图1-7（a）中实线箭头所示。当出线端a变为负极，b变为正极，电流就由b端流出，经过 $R$ 流回a端，如图1-7（a）中虚线箭头所示。交流电不仅方向随时间作周期性的变化，其大小也随时间连续变化，在每一瞬间都会有不同的数值。所以，在交流电路中，采用小写字母 $i$、$u$、$e$、$p$ 等表示交流电的瞬时值。

交流发电机也是利用电磁感应原理进行工作的，其结构如图1-7（b）所示。

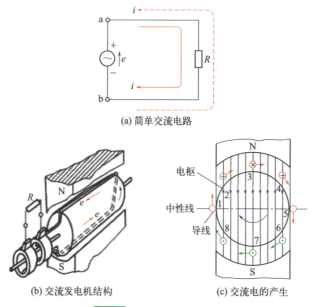

(a) 简单交流电路

(b) 交流发电机结构　　(c) 交流电的产生

图1-7　交流电的工作原理

在N、S两个磁极之间有一个装在轴上的圆柱形铁芯，它可以在磁极之间转动，俗称转子。转子铁芯槽内嵌放着线圈（图中只画出了其中的一匝）。为便于大家理解，我们把图1-7（b）简化成图1-7（c）的形式。

设转子以均匀的角速度$\omega$（其定义后面给出）顺时针方向旋转，则导体A也随转子一起旋转。导体转到位置1时，切割不到磁力线，导体中不产生感应电动势；转到位置2时，将因切割磁力线产生感应电动势，用右手定则可以判定其方向是由外向里的；转到位置5时，不切割磁力线，没有感应电动势产生；转到位置6时又将切割磁力线而产生感应电动势，用右手定则可以判定其方向是从里向外的。这样，导体A随转子旋转一周时，导体中感应电动势的方向交变一次，即转到N极下是一个方向，转到S极下变为另一个方向，此即为产生交流电的基本原理。

## 二、三相交流电的工作原理

我国发电厂和电力网生产、输送和分配的交流电都是三相交流电，这是因为三相交流电具有许多优点。在发电设备方面，三相交流发电机比同样尺寸的单相交流发电机输出功率大；在输电方面，三相供电制也较单相供电制节省材料；从用电的使用来看，生产中广泛使用的三相交流电动机与直流电动机及其他类型的交流电动机相比，有性能优良、结构简单、价格低廉等优点。

概括地说，三相交流电是三个单相交流电的组合，这三个单相交流电的最大值相等，频率相同，只是在相位上相差120°。

如图1-8（a）所示是三相交流发电机的示意图。发电机的定子绕组分为三组，每组为三相，各相绕组在空间位置上彼此相差120°，对称地嵌放在定子铁芯内侧的线槽内。显然，它们的始端（A、B、C）和它们的末端（X、Y、Z）在空间位置上彼此相差120°。转子上装置着N、S两个磁极，当转子以角速度$\omega$顺时针方向旋转时，由于三相的绕组在铁芯中放置的位置彼此相隔120°，所以一旦磁极转到正对A-X绕组时，A相电动势达到最大值$E_m$，而B相绕组需要等转子磁极转1/3周（即120°）后，其中的电动势才达到最大值，也就是A相电动势超前B相电动势120°。同理，B相电动势超前C相电动势120°，C相电动势又超前于A相电动势120°。很显然，三相电动势的频率相同，最大值相等，不过初相角不同。假设A相电动势的初相角为0°，则B相为-120°，C相为120°。用三角函数式表示为

$$e_A = E_m \sin\omega t$$
$$e_B = E_m \sin(\omega t - 120°)$$
$$e_C = E_m \sin(\omega t + 120°)$$

图1-8（b）是三相交流电的矢量图。

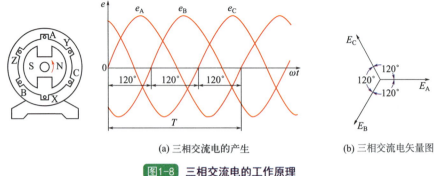

(a) 三相交流电的产生　　　　(b) 三相交流电矢量图

图1-8　三相交流电的工作原理

### 三、三相四线制供电线路

假如我们注意观察一下工厂的低压配电线路，就会发现三相供电线路有四根线，其中三根线是"相（火）线"，另一根线为"地线"。在三相供电线路中，A、B、C三相绕组的末端X、Y、Z接在一起称为中性点（用"O"表示），从O点引出一根公共导线作为从负载流回电源的公用回线，叫做中性线或零线，其余的三根线叫做相线。这样的供电线路叫做三相四线制供电线路，如图1-9（a）所示。

在应用中我们只要观察一下低压架空线就会发现，一般情况下中性线都比相线要细或与相线一般粗，这又怎么解释呢？下面我们就来分析一下中性线上的电流到底有多大。

假设三个相是对称的，各相负载完全相同，三相电流的有效值也相等，我们用三角函数表示每相电流如下：

$$i_A = I_m \sin\omega t$$
$$i_B = I_m \sin(\omega t - 120°)$$
$$i_C = I_m \sin(\omega t + 120°)$$

三相对称电流的波形图如图1-9（b）所示，任取a、b、c、d四个瞬间，不论哪个瞬间，三相电流的瞬时值之和等于零。

这就意味着，在三相负载平衡时，中性线上的电流等于零，因此某些三相对称负载可以省去中性线。在实际应用中，三相供电线路的负载不可能对称，仍需加中性线，但中性线电流总是小于每一相的电流。

### 四、星形接法

在三相四线制供电线路中，我们常取两种电压。三相异步电动机需接380V的电压，而照明则需接220V的电压。电网是怎样提供两种电压的呢？图1-10（a）

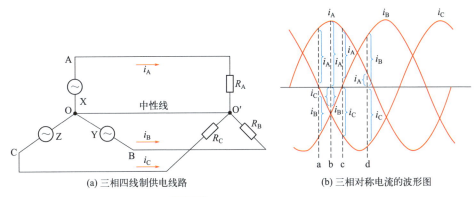

(a) 三相四线制供电线路　　　　(b) 三相对称电流的波形图

图1-9　三相四线制供电线路

是三相交流发电机绕组的星形接法。一般规定，发电机每相绕组两端的电压（也就是相线与中性线间的电压）称为相电压，用 $U_A$、$U_B$、$U_C$ 表示。两相始端之间

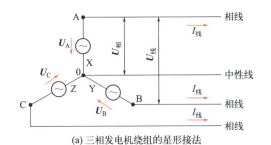

(a) 三相发电机绕组的星形接法

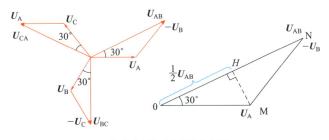

(b) 相电压与线电压的矢量图

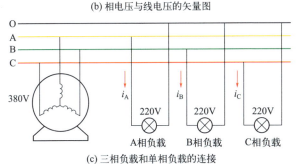

(c) 三相负载和单相负载的连接

图1-10　星形接法

的电压（也就是相线与相线之间的电压）称为线电压，用 $U_{AB}$、$U_{BC}$、$U_{CA}$ 表示。线电压 $U_{AB}$ 下脚注字母的顺序表示线电压的正方向是从 A 相到 B 相，书写时不能颠倒。

线电压和相电压之间的关系是什么呢？从图 1-10（b）的矢量可以看出：线电压 $U_{AB}$ 之间存在着相位差，所以 $U_{AB}$ 包含着 A 相和 B 相两相电压，但由于 $U_A$ 和 $U_B$ 之间存在着相位差，所以 $U_{AB}$ 等于 $U_A$ 与 $U_B$ 的矢量和。又因为 $U_A$ 和 $U_B$ 是反向串联的，所以 $U_{AB}$ 就等于 $U_A$ 加上负的 $U_B$。利用矢量图可以推出线电压和相电压的关系为

$$\frac{1}{2}U_{AB} = U_A \cos 30° = \frac{\sqrt{3}}{2} U_A$$

即 $U_{AB} = \sqrt{3} U_A$

写成一般公式为

$$U_{线} = \sqrt{3} U_{相}$$

由上面分析可以得出以下结论：发电机三相绕组作星形连接时，线电压的有效值等于相电压有效值的 $\sqrt{3}$ 倍，在相位上线电压较它对应的相电压超前 30°。

平时说的 220V 就是相电压，而星形接法的线电压则为 380V，如图 1-10（c）所示。

三相电源每相绕组或每相负载中的电流叫做相电流，而由电源向负载每一相供电的线路上的电流叫做线电流。显然，在星形接法中，相电流等于线电流。

## 五、三角形接法

很多三相平衡负载，如三相异步电动机等，常接成三角形，如图 1-11（a）所示。

所谓三角形接法，就是把各相负载的首尾端分别接在三根相线的每两根相线之间，接入顺序是：A 相负载的末端 X′ 接 B 相负载的始端 B′，B 相末端 Y′ 接 C 相负载的始端 C′，C 相负载的末端 Z′ 接 A 相负载的始端 A′，然后把三个连接点分别接到电源的三根相线上。图 1-11（a）中的②是一台接成三角形的电动机在电源线上的接法。可以看出，负载作三角形连接时，线电压等于相电压，但相电流并不等于线电流。从图 1-11（a）中可以看出，线电流 $I_A$ 等于相电流 $I_{AB}$ 与（$-I_{CA}$）的矢量和。

线电流与相电流的关系可以绘成矢量图，如图 1-11（b）所示，可以看出

$$I_A = \sqrt{3} I_{AB}$$

写成一般公式为

$$I_{线} = \sqrt{3} I_{相}$$

综上所述，三相对称负载作三角形连接时，线电流的有效值等于相电流有效值的$\sqrt{3}$倍，线电流在相位上较它对应的相电流滞后30°。

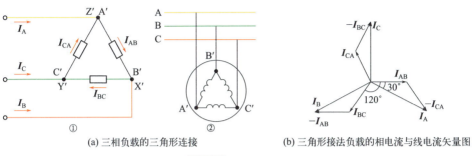

(a) 三相负载的三角形连接　　　　(b) 三角形接法负载的相电流与线电流矢量图

图1-11　三角形接法

# 第二章 电子基础知识

## 第一节 常用电子元器件

### 一、电阻器

工作中常说的电阻（Resistance）就是电阻器。在电路应用中通常将电阻器简称为电阻。电阻是一种具有一定阻值，一定几何形状，一定性能参数，在电路中对电流起阻碍作用的实体元件，如图2-1所示。在电路中，它的主要作用是稳定和调节电路中的电流和电压，作为分流器、分压器、温度检测、过压保护和消耗电能的负载使用。

图2-1 电阻

大部分电阻的引出线为轴向引线，一小部分为径向引线，为了适应现代表面组装技术（SMT）的需要，还有"无引出线"的片状电阻器（或叫无脚零件），片状电阻器又称为贴片电阻器，电阻体有碳膜、金属膜等，外形有圆柱形和矩形片状。电阻器是非极性元件，电阻器的阻值可通过元件体色环或直标法来鉴别。

在电路设计中常用的电阻器可分为金属膜电阻器、碳膜电阻器、线绕电阻器、电位器、网络电阻器、热敏电阻器。不同的电阻器，不仅其电阻值不同，功能也不一样，所以不同的电阻器是不可以随便替代的。

电阻按其功率不同有1/8W、1/4W、1/2W、1.5W、1W、2W，功率越大，电阻体形也越大，耗散功率为1W或大于1W的元器件不得与印刷板相接触，应采用相应的散热措施后再行安装。

电阻的单位是欧姆（Ω），为了对不同阻值的电阻进行标注，经常会使用千欧（kΩ），兆欧（MΩ）等单位。

电阻器功率的单位是瓦特（W），电阻器的功率表示电阻器在正常使用情况下能释放多少能量，功率越高，释放的能量越多。在电阻器的代换中要注意，不能使用低功率的电阻代替高功率的电阻（在电阻阻值一样情况下），可以用高功率的电阻代替低功率的电阻。在一般情况下，所选电阻的额定功率要符合设计电路中所对应的功率要求，不能随便加大或减小电阻的功率。

在电路设计中还会使用网络电阻器，网络电阻器与色环电阻相比具有整齐、少占空间的优点，它的内部实际上由很多个电阻整齐地排在一起，所以也叫作排阻。网络电阻器有两种类型。

**提示：网络电阻器就是在电路中常使用的排阻。**

双列直插电阻网络类似IC（集成电路）。第一号引脚由小圆点或小凹槽来表示，当你拿着元件时，使元件主体面对自己，槽或小圆点向上，左边的第一个引脚是第一号引脚。插第一号引脚的孔通常在电路板上用方盘或带尖角的焊盘标明。插电阻网络时第一号引脚必须插入电路板上带有标明第一号引脚的孔。

单列直插电阻网络是带有一排引脚的塑料盒。第一号引脚由在元件体上的小圆点或数字"1"或一条粗实线表示。电路板上插第一号引脚的通常用一个方块焊盘或一点表示，第一号引脚通常插入这个方焊盘内或小圆点旁。

电位器是一种可调电阻器，可通过调整其元件体上的旋钮或螺钉改变其阻值。电位器具有方向性。一个电位器有三个引脚，只有一种方法把电位器插入电路板。电位器的形状有方形、圆形和矩形。

通常来说，使用万用表可以很容易判断出电阻的好坏：将万用表调节在电阻挡的合适挡位，并将万用表的两个表笔放在电阻的两端，就可以从万用表上读出电阻的阻值。应注意的是，测试电阻时手不能接触表笔的金属部分。在实际电器维修中，很少出现电阻损坏，着重注意的是电阻是否虚焊（假焊）、脱焊。

## 二、电容器

电容器又称电容，它是由两个相互靠近的导体极板中间夹一层绝缘介质构成的，如图2-2所示。电容器是组成电路的基本元件之一，是一种储存电能的元件，在电子电路中起到耦合、滤波、隔直流和调谐等作用。电容器在电路中用字母"C"表示。

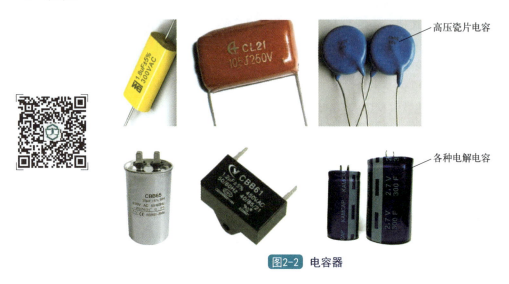

图2-2 电容器

## 三、电感器

电感是指线圈在磁场中活动时，所能感应到的电流的强度，利用此性质制成的元件为电感器。电感器是用漆包线、纱包线或塑皮线等在绝缘骨架或磁芯、铁芯上绕制成的一组串联的同轴线匝。电感器的主要作用是对交流信号进行隔离、滤波或与电容器、电阻器等组成谐振电路。

电感的单位是亨利（H）、毫亨（mH）、微亨（μH）。电感器是有极性的，电感器的一号引脚用一尖角表示，插时应对准板上的白点插入。

轴向引线电感器和电阻的外形非常相似，可区别它们的标志是电感器的一头有一条宽的银色色环。轴向引线由电感器用五个色环表示，第一环银色环比其他的色环大两倍，以下的三环标示电感的毫亨值，第五环表示电感的误差值。电感器的外形如图2-3所示。

例：某电感器的后四环颜色依次为红、红、黑、银，则其电感值为22μH±10%。如果第二环或第三环的颜色是金色，则此金色环表示电感值的小数点。

例：某电感值的后四环颜色依次为黄、金、紫、银，则其电感值为4.7μH±10%。

图2-3 电感器的外形

## 四、二极管与整流桥

### 1. 二极管

晶体二极管的文字符号为"VD",常用二极管的外形及结构符号如图2-4所示。

晶体二极管具有单向导电特性,只允许电流从正极流向负极,而不允许电流从负极流向正极,如图2-4(c)所示。

锗二极管和硅二极管在正向导通时具有不同的正向管压降。由图2-4(e)可知锗二极管当所加正向电压大于正向管压降时,二极管导通。锗二极管的正向管压约为0.3V。

硅二极管正向电压大于0.7V时，硅二极管导通。另外，在相同的温度下，硅二极管的反向漏电流比锗二极管小得多。从图2-4中伏安特性曲线可见，二极管的电压与电流为非线性关系，因此，晶体二极管是非线性半导体器件。

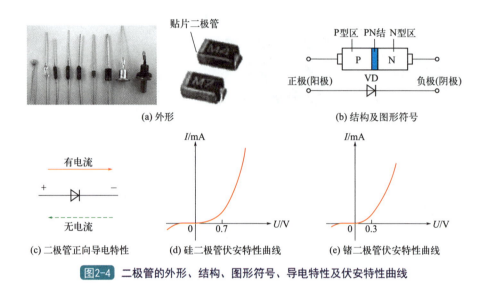

图2-4　二极管的外形、结构、图形符号、导电特性及伏安特性曲线

### 2. 桥堆

桥堆主要作用是整流，调整电流方向。用桥堆整流是比较好的，因为桥堆内部的四个管子一般是挑选配对的，所以其性能较接近。在大功率整流时，桥堆上都可以装散热块，使工作时性能更稳定。

当然不同使用场合也要选择不同的桥堆，不能只看耐压是否够，高频特性是否达到等，还要结合使用场合来综合考虑。

图2-5　桥堆

整流桥堆由四只整流硅芯片作桥式连接，外壳为绝缘塑料，用环氧树脂封装而成，大功率整流桥在绝缘层外添加锌金属壳包封，增强散热。整流桥的外形有扁形、圆形、方形、板凳形（分直插与贴片）等，有GPP与O/J结构之分。最大整流电流从0.5～100A，最高反向峰值电压从50～1600V。桥堆的外形如图2-5所示。

## 五、三极管

半导体三极管又称"晶体三极管"或"晶体管"。在半导体锗或硅的单晶体上制备两个能相互影响的PN结,组成一个PNP(或NPN)结构。中间的N区(或P区)叫基区,两边的区域叫发射区和集电区,这三部分各有一条电极引线引出,分别叫基极(B)、发射极(E)和集电极(C),如图2-6(a)所示。三极管在电路中能起放大、振荡或开关等作用。

三极管外壳一般用塑料封装和金属封装。用金属封装的是为了散热方便,大

图2-6 三极管的结构和符号外形

功率三极管上流过的电流一般很大，发热比较严重。三极管的电路符号是"Q"或者"VT"，三极管是有极性的。三极管型号有PNP型和NPN型。

金属封装三极管上发射极的识别：手里拿着三极管，使引脚向外，凸出的标签向上，标签左边的引脚就是发射极（第一号引脚）。

塑料封装三极管的发射极的识别：塑料封装的三极管有一个平面，拿着三极管，让平面面对自己，第一号引脚（最左边）就是发射极的引脚，这个引脚必须插在板上E点的附近。有时在三极管的平面会用字母"E"标出发射极所在。

一些功率三极管是可直接插入电路板的，其他的就需要一层绝缘物质隔在元件体和板之间，然后用螺钉上紧。功率三极管插入电路板时元件体上的字必须向上。有一些金属封装的三极管的引脚有金属夹或金属弹簧，是为了预防ESD（静电敏感），金属弹簧是在插入后拿出的，而金属夹是在插入前拿出的。三极管的外形如图2-6（b）所示。

## 六、晶闸管

晶闸管是可控硅整流元件的简称，是一种具有三个PN结的四层结构的大功率半导体器件，亦称为可控硅。它具有体积小、结构相对简单、功能强等特点，是比较常用的半导体器件之一。

该器件被广泛应用于各种电子设备和电子产品中，多用来作可控整流、逆变、变频、调压、无触点开关等。晶闸管的外形如图2-7所示。晶闸管的图形符号如图2-8所示。

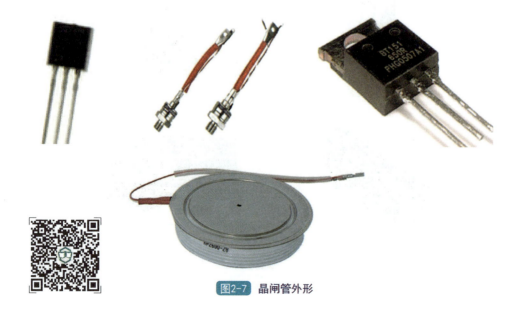

图2-7 晶闸管外形

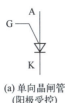   

(a) 单向晶闸管　　　(b) 单向晶闸管　　　(c) 双向晶闸管　　　(d) 可关断晶闸管
　　（阳极受控）　　　　　（阴极受控）

图2-8　晶闸管的图形符号

## 七、扬声器与蜂鸣器

### 1. 蜂鸣器

蜂鸣器是一种一体化结构的电子讯响器，采用直流电压供电，广泛应用于计算机、报警器、定时器等电子产品中作发声器件。蜂鸣器主要分为压电式蜂鸣器和电磁式蜂鸣器两种类型。蜂鸣器在电路中用字母"H"或"HA"（旧标准用"FM""LB""JD"等）表示。

压电式蜂鸣器主要由多谐振荡器、压电蜂鸣片、阻抗匹配器及共鸣箱、外壳等组成。有的压电式蜂鸣器外壳上还装有发光二极管。

电磁式蜂鸣器由振荡器、电磁线圈、磁铁、振动膜片及外壳等组成。接通电源后，振荡器产生的音频信号电流通过电磁线圈，使电磁线圈产生磁场。振动膜片在电磁线圈和磁铁的相互作用下，周期性地振动发声。蜂鸣器的外形如图2-9所示。

图2-9　蜂鸣器实物图

### 2. 扬声器

扬声器又称喇叭，是一种十分常用的电声换能器件。扬声器的外形如图2-10所示。

图2-10　扬声器

## 八、晶振与压控晶体振荡器

晶体作为振源用于构成振荡电路。其外壳用金属封装，外壳坚固，保护里面的晶片。晶体表面上的标记有两个内容：商标或厂家名称、振荡频率。对于晶体来说，振荡频率是标记晶体物理性能的一个主要参数，在应用中只要知道晶体振荡频率就可以了，商标和厂家名称等都可以不管。晶体是没有极性的，插件时为了外观整齐，要将有标志的一面向上。晶体的外形如图2-11所示。

图2-11　晶振

与晶体相比，振荡器内部除了有晶片外，还有电阻、电容，已经构成一个振荡电路。所以振荡器的四个脚是极性的。振荡器的外形为砖块形，有四个脚。其表面上的标记有振荡频率、第一脚位置，商标或厂家名称或牌子、编号。在使用中只需认准振荡频率和第一脚位置就可以了。压控晶体振荡器的外形如图2-12所示。

图2-12　压控晶体振荡器

## 九、集成电路与三端稳压器

### 1. 集成电路

集成电路（Integrated Circuit）是一种微型电子器件或部件，是将组成电路的有源元件（晶体管、二极管）、无源元件（电阻、电容等）及其互连布线，通过半导体工艺或者薄、厚膜工艺（或这些工艺的结合），制作在半导体或绝缘体基片上，形成结构上紧密联系的具有一定功能的电路，与分立元器件组成的电路相比，具有体积小、重量轻、引线短、焊点少、可靠性高、功率低、使用方便和成本低等特点。

IC是有极性的元件，插入板时只有一个方向，如果插错了方向，它的功能就不能显示出来，甚至还会使其熔化或烧坏。

IC的第一号引脚的识别：拿着IC，使其引脚向外，元件体面对自己，极性标志向上，极性标志左边的第一个引脚就是第一号引脚。IC的所有引脚都应有号码。

标明第一号引脚的方法可用一小缺口或第一号引脚旁的小白点标明。第一号引脚通常被插入一方盘中，电路板上有一带尖头的方框，IC插入电路板时，元件体上的缺口应对着尖头。

IC的种类很多，常见的有TTL系列（与非门电路）、RAM系列（随机存储器）、ROM（只读存储器）、EPROM（紫外线可擦除式只读存储器）系列、PAL（可编程逻辑阵列）。集成电路（IC）的外形如图2-13所示。

图2-13 集成电路（IC）

## 2. 三端稳压集成电路

电路中常用的集成稳压器主要有78XX系列、79XX系列、可调集成稳压器LM317或LM337。78XX系列、79XX系列是固定的三端稳压器，输出电压有5V、6V、9V、15V、18V、24V等规格，最大电流达到1.5A。当输出电流较大时，元件体上是散热片，通常用螺钉紧固在电路板上。稳压器的外形如图2-14所示。

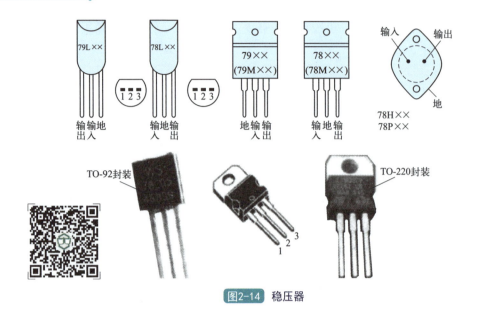

图2-14 稳压器

## 十、数码管

数码管是一种半导体发光器件，其基本单元是LED（发光二极管）。数码管按段数分为七段数码管和八段数码管，八段数码管比七段数码管多一个LED单元（多一个小数点显示）；按能显示多少个"8"可分为1位、2位、3位、4位等。数码管外形如图2-15所示。

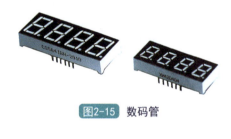

图2-15 数码管

数码管分为共阳极和共阴极。共阳极数码管是指将所有LED的阳极接到一起形成公共阳极（COM）的数码管。共阴极数码管是指将所有LED的阴极接到一起形成公共阴极（COM）的数码管。在实际应用中共阴极公共点接低电位，共阳极公共点接高电位。

## 第二节 电子单元电路分析

### 一、单管基本放大电路

由三极管组成的放大电路，它的主要作用是将微弱的电信号（电压、电流）放大成为所需要的较强的电信号。三极管放大电路在生产、科研及日常生活中的应用是极其广泛的。

### 1. 放大电路的组成

单管共发射极放大电路如图2-16所示,需要放大的电压信号$u_{IN}$接在放大电路输入端;放大后的电压$u_{OUT}$,从放大电路的集电极与发射极输出。发射极E是输入信号和输出信号的公共端,组成共发射极放大电路。

电路中各元件的作用如下。

① VT:NPN型三极管,是电路的放大元件。

② $U_{CC}$:直流电源,它是放大电路的能源。$U_{CC}$一方面通过基极电阻$R_B$给三极管发射结提供正偏电压,另一方面通过集电极电阻$R_C$给集电结提供反偏电压,使晶体管工作在放大状态。

这时,集电极电位最高,基极电位其次,发射极电位最低,即$U_C > U_B > U_E$。$U_{CC}$一般为几伏到几十伏。

③ $R_B$:基极偏置电阻,给基极提供一个合适的基极电流$I_B$,$R_B$一般为几十千欧到几百千欧。

④ $R_C$:集电极电阻,它将集电极电流的变化转化为电压变化,实现电压放大。$R_C$一般为几千欧到几十千欧。

⑤ $C_1$、$C_2$:耦合电容或称隔直电容,它能通过交流隔断直流。对交流而言,由于容抗$X_C$很小,可将电容$C_1$、$C_2$看成短路,实现对交流信号的传递和放大;电容器不能通直流,使信号源和负载免受直流电源的影响。$C_1$、$C_2$一般为几微法到几十微法,采用电解电容器,因此连接时一定要注意其极性。为了简化电路,省略电源符号,只是在电源正极端标出$+U_{CC}$,如图2-16(b)的习惯画法。对于PNP型三极管放大电路,将$U_{CC}$反接,即$U_{CC}$的正极接地,则$U_C < U_B < U_E$。

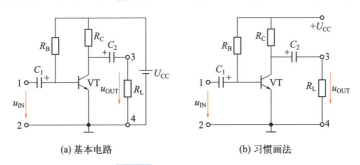

(a) 基本电路　　　　　　　　　(b) 习惯画法

图2-16　共发射极放大电路

### 2. 静态工作情况

放大电路没有输入信号,即$u_{IN}=0$时的工作状态称为静态,这时输入端相当于短路,如图2-17(a)所示。在直流电源电压$U_{CC}$作用下,三极管各极电流和极间电压都是直流值,其值称为静态值或静态工作点。静态分析的首要任务是确定放大电路的静态值（直流值）$I_B$、$I_C$、$U_{CE}$。放大电路的质量与静态值关系极大。

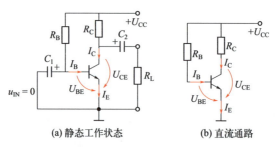

图2-17 放大电路静态工作点

(a) 静态工作状态　　(b) 直流通路

为了分析静态值，常需要画出直流通路。因电容$C_1$、$C_2$具有隔直作用，对直流而言相当于开路，如图2-17（b）所示。

放大电路的静态值是指静态时的基极电流$I_{BQ}$、集电极电流$I_{CQ}$和集、射极间电压$U_{CEQ}$（用大写字母表示），可通过基极回路求$I_{BQ}$，即

$$I_m = \frac{U_{CC}-U_{BE}}{R_B} \approx \frac{U_{CC}}{R_B}$$

式中，$U_{BE}$为发射结的正偏电压，硅管约为0.7V，锗管约为0.3V。一般$U_{BE}$比$U_{CC}$小得多，可忽略不计，集电极有电流为

$$I_{CQ} = \beta I_{BQ}$$

式中，$\beta$为三极管放大倍数。

集、射极间电压为

$$U_{CEQ} = U_{CC} - I_{CQ}R_C$$

[例2-1] 在图2-17所示放大电路中，已知$U_{CC}$=6V，$R_C$=2kΩ，$R_B$=200kΩ，$\beta$=50。试问：

（1）求放大电路的静态工作点。

（2）若$R_B$断开，三极管工作在什么状态。

（3）若$R_B$减小，$I_C$、$U_{CE}$怎样变化，三极管接近什么状态。

解：（1）

$$I_m = \frac{U_{CC}-U_{BE}}{R_B} \approx \frac{U_{CC}}{R_B} = \frac{6V}{200kΩ} = 0.03mA = 30\mu A$$

$$I_{CQ} \approx \beta I_{BQ} = 50 \times 0.03mA = 1.5mA$$

$$U_{CEQ} = U_{CC} - I_{CQ}R_C = 6V - 15mA \times 2kΩ = 3V$$

（2）$R_B$断开，$I_B$=0，$I_C$=0，$I_{CE}$=$U_{CC}$=6V，三极管工作在截止状态。

（3）$R_B$减小时，$I_B$增加，$I_C$也增加，$U_{CE}$不断减小，当$U_{CE}$=0.3V时，三极管

进入饱和工作状态，饱和时的集电极电流为

$$I_{CQ} \approx \frac{U_{CC}}{R_C} = \frac{6V}{2k\Omega} = 3mA$$

从［例2-1］中可看出，放大电路的静态值是由基极偏置电阻$R_B$决定的，因此，通常用调节$R_B$的办法使放大电路获得一个合适的静态值。

3. 动态工作情况

放大电路有输入信号（$U_N \neq 0$）时的工作状态称为动态，这时放大电路在直流电源$U_{CC}$和输入交流信号$U_N$的共同作用下，电路中的电流和电压既有直流分量，又有交流分量（交流信号用小写字母表示）。

当交流信号$U_N$通过电容$C_1$加到三极管的基极和发射极间时，$U_{BE}$就发生了变化，从而引起基极电流$i_B$的变化。由于$i_B$是输入电压引起的交流$i_{B\sim}$和直流$I_{BQ}$叠加而成的。如果$I_{BQ}$的数值大于$i_{B\sim}$的幅值，那么$i_B = i_{B\sim} + I_{BQ}$就始终是单方向的脉动直流。这就使发射结始终处于正偏，保证放大器工作在放大状态，输出波形不会失真。

由于$i_C = \beta i_B$，则$i_C$随$i_B$变化且$i_C = \beta(i_{B\sim} + I_{BQ}) = i_{C\sim} + I_{CQ}$。当$i_C$流过集电极电阻$R_C$时，将产生压降$i_C R_C$，则三极管集电极的对地电压为

$$u_{CE} = E_{C\sim} - i_C R_C = E_C - (i_{C\sim} + I_{CQ})R_C = E_C - i_{C\sim} R_C - I_{CQ} R_C$$

$$U_{CEQ} = E_C - I_{CQ} R_C$$

$$u_{CE} = U_{CEQ} - i_{C\sim} R_C$$

上式表明，三极管集电极与发射极间的总电压$u_{CE}$由两部分组成，其中$U_{CEQ}$为直流，$-i_{C\sim} R_C$为交流。由于电容$C_2$的隔直通交作用，所以放大器的输出电压只有交流，即

$$u_{OUT} = -i_{C\sim} R_C$$

上式说明，放大器的输出电压是一个频率与幅值相同的交流电压，其大小是$i_{C\sim}$在$R_C$上产生的压降，相位与$i_{C\sim}$相反（式中负号就表示$u_{OUT}$的相位与$i_{C\sim}$相反）。又因$i_{C\sim}$与$I_{B\sim}$及$u_{IN}$同相，则$u_{OUT}$与$u_{IN}$的相位就相反。这是放大器的一个重要特性，称为放大器的倒相作用。

放大器各部分的电流和电压波形图，如图2-18所示。

## 二、单相整流电路

在生产、科学实验和日常生活中，除了广泛使用交流电以外，在某些场合例如电解、电镀和直流电动机等，需要直流电源；而在电子线路和自动控制装置

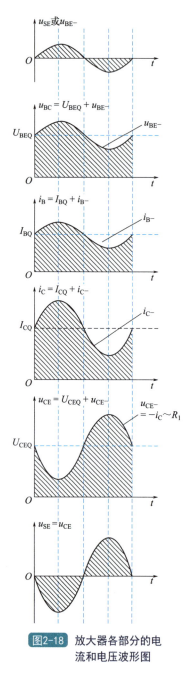

图2-18 放大器各部分的电流和电压波形图

中，一般需要电压非常稳定的直流电源。虽然在某些情况下，可利用直流发电机或化学电池作为直流电源，但是在大多数情况下，广泛采用各种半导体直流电源。利用它们可将电网提供的交流电转换成为直流电。

小功率直流稳压电源通常由电源变压器、整流、滤波和稳压电路四部分组成，其原理方框图如图2-19所示。

各环节的作用如下。

① 电源变压器。将电网220V或380V的工频交流电压变换为符合整流需要的电压值。

② 整流电路。利用二极管的单向导电性将交流电压变成脉动的直流电压。

③ 滤波电路。利用电容、电感等电路元件的储能特性，将脉动直流电压变成较恒定的直流电压。

④ 稳压电路。当电网电压波动或负载变化时，稳压电路自动维持直流输出电压稳定。

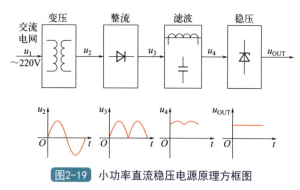

图2-19 小功率直流稳压电源原理方框图

### 1. 单相半波整流电路

它是最简单的整流电路，由整流变压器TR、二极管VD及负载电阻$R_L$组成。电路如图2-20（a）所示。由于二极管VD具有单向导电性，只有当它的阳极电位高于阴极电位时才能导通。在变压器二次侧电压$u_2$的正半周，其极性为上正下负，即a点的电位高于b点，二极管因承受正向电压而导通。这时负载电阻$R_L$上的电压为$u_{OUT}$，通过的电流为$i_{OUT}$。在电压$u_2$的负半周时，a点的电位低于b点，二极管因承受反向电压而截止，负载电阻$R_L$上没有电压。因此，在负载电阻$R_L$上得到的是半波电压$u_{OUT}$，故称为半波整流。在导通时，二极管的正向压降很小，可以忽略不计。因此，可以认为$u_{OUT}$的正半波和$u_2$的正半波是相同的，如图2-20（b）所示。

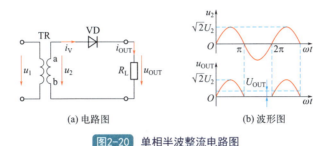

(a) 电路图　　　　　　　(b) 波形图

图2-20　单相半波整流电路图

在整流电路中，输出直流电压用一个周期的平均值来表示。

单相半波整流电压的平均值为

$$U_{OUT}=0.45U_2$$

整流器件的选择一方面考虑流过二极管的平均电流$I_p=I_{OUT}$，另一方面还要考虑二极管截止时所承受的最高反向电压$U_{DRM}=\sqrt{2}U_2$。

单相半波整流电路简单，但因只利用了电流的半个周期，所以整流效率低、脉动较大，只适用于对平滑程度要求不高的小功率整流。

### 2. 单相全波整流电路

（1）电路和工作原理

单相全波整流电路如图2-21（a）所示，它由二次侧绕组带中心抽头的变压器TR，整流二极管VD1、VD2和负载电阻$R_L$组成。

变压器二次侧绕组的中心抽头把二次侧电压分成大小相等、相位相反的两个

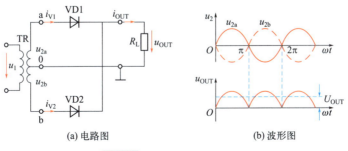

(a) 电路图　　　　　　　(b) 波形图

图2-21　单相全波整流电路图

电压 $u_{2a}$ 和 $u_{2b}$。单相全波整流电路的波形如图2-21（b）所示。在 $\omega t$ 为 $0\sim\pi$ 的半周内，变压器二次侧绕组a端为正，b端为负，使二极管VD2反偏而截止，二极管VD1正偏而导通，电流 $i_{V1}$ 的路径是 a→VD1→$R_L$→0；在 $\omega t$ 为 $\pi\sim2\pi$ 的半周内，变压器二次侧绕组b端为正，a端为负，使二极管VD1反偏而截止，二极管VD2正偏而导通，电流 $i_{V2}$ 的路径是：b→VD2→$R_L$→0。

由此可见，在交流电的一个周期内，二极管VD1、VD2轮流导通，在负载 $R_L$ 两端获得上正下负的单方向脉动电压，如图2-21（b）所示，故称为全波整流电路。

（2）负载 $R_L$ 上的直流电压和电流

由图2-21（b）中的 $u_{OUT}$ 波形可见，全波整流电路负载 $R_L$ 上的直流电压约为半波整流电路的2倍，即 $U_{OUT}=0.9U_2$。

通过负载 $R_L$ 的直流电流为

$$I_{OUT}=\frac{U_{OUT}}{R_L}=0.9\frac{U_2}{R_L}$$

（3）整流二极管的选择

由于负载 $R_L$ 中的电流 $I_{OUT}$ 是两个二极管轮流导通供给的，所以每个二极管的平均电流 $I_V$ 为 $I_{OUT}$ 的一半，故选择的二极管的最大整流电流为

$$I_{FM}>I_V=\frac{1}{2}I_{OUT}$$

二极管反向截止时承受的最高反向电压为变压器二次侧绕组总电压的峰值 $2\sqrt{2}U_2$，故选择的二极管的最高反向电压为

$$U_{RM}>U_{VM}=2\sqrt{2}U_2$$

单相全波整流电路的整流效率高、脉动小，但变压器二次侧绕组只有半个周期有电流，变压器利用率不高，而二极管承受的反向电压却很高。

### 三、单相桥式整流电路

整流电路中最常用的是单相桥式整流电路。单相桥式整流电路是由四个二极管接成电桥形式构成的，如图2-22所示。

在变压器二次侧电压 $u_2$ 的正半周时，其极性为上正下负，即a点的电位高于b点，二极管VD1和VD3导通，VD2和VD4截止，电流 $u_1$ 的通路为：a—VD1—$R_L$—VD3—b。这时，负载电阻 $R_L$ 上得到一个半波电压。

在电压 $u_2$ 的负半周时，变压器二次侧的极性为上负下正，即b点的电位高于a点。因此VD1和VD3截止，VD2和VD4导通，电流 $u_2$ 的通路是：b→VD2→

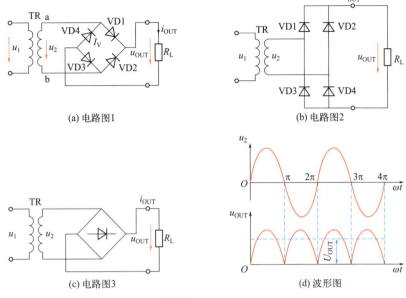

图2-22 单相桥式整流

$R_L \to VD4 \to a$。同样，在负载电阻上得到一个半波电压。

输出电压的平均值为

$$U_{OUT} = 0.9 U_2$$

流过负载$R_L$上的直流电流为

$$I_{OUT} = \frac{U_{OUT}}{R_L} = 0.9 \frac{U_2}{R_L}$$

整流元件的选择：流过每个二极管的平均电流为$I_v=1/2 I_{OUT}$，故所选二极管的最大整流电流为$I_{FM} > I_v = 1/2 I_{OUT}$。二极管截止时所承受的最高反向电压$U_{DRM} \geqslant \sqrt{2} U_2$。

## 四、滤波电路

整流后得到的单向脉动电压对某些负载可直接使用，如电镀、对电池充电等。若要减小脉动程度，使电压平滑，就要去除交流成分，即进行滤波。常用的滤波电路有电容滤波、电感滤波和复式滤波。

### 1. 电容滤波

电容滤波电路如图2-23（a）所示，在整流电路的输出端与负载并联一个电容量较大的电容器$C$，利用电容器$C$的充放电作用，从而使负载的电压和电流趋于平滑。

电容两端电压 $u_c$ 即为输出电压 $u_{OUT}$，其波形如图2-23（b）所示。由图2-23可见，与未并联 $C$ 时相比，输出电压的脉动程度大为减小，而且输出电压平均值 $U_{OUT}$ 提高了。负载上直流电压平均值及其平滑程度与放电时间常数，即电路中 $R$、$C$ 有关，$T$ 越长，放电越慢，输出平均电压平均值越大，波形越平滑，一般取

$$T=(3-5)T/2$$

式中，$T$ 为交流电的周期。

此时负载上直流电压的估算式为 $u_{OUT}=1.2U_2$。

电容滤波适用于要求输出电压较高，负载电流较小，并且负载基本不变的场合，此时能得到较平滑的直流电压。

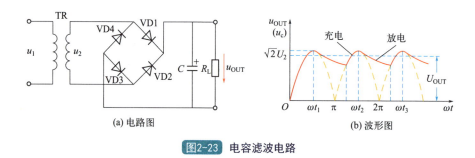

图2-23 电容滤波电路

## 2. 电感滤波

如图2-24所示为桥式整流电感滤波电路，滤波电感 $L$ 与负载 $R$ 串联。由于电感中的自感电动势具有阻碍电流变化的作用，即电流增加时，自感电动势阻碍电流增加；反之，电流减小时，自感电动势阻碍电流减小。因此，负载上的电压和电流变得比较平滑，从而达到滤波的目的。

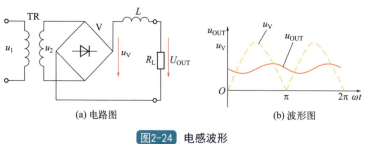

图2-24 电感波形

电感滤波效果较好，但电感线圈体积大、笨重、价格高。电感滤波一般用在负载电流大和负载变化的场合。

### 3. 复式滤波

为了提高滤波效果，减小输出电压的脉动程度，可用电容和电感组成复合式滤波电路。常见的复式滤波电路如图2-25所示。

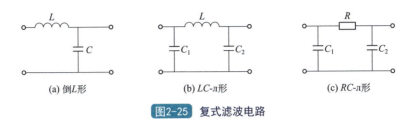

图2-25 复式滤波电路

## 五、稳压电路及集成稳压器

交流电经过整流滤波后得到的直流电压虽然比较平滑，但是当电网电压波动或负载变化时，其输出的直流电压和电流的大小也会随之变化，使许多电子设备无法正常工作。为了使输出的直流电压稳定，通常在整流滤波电路后，增加一级直流稳压电路。

常用的稳压电路有：稳压管并联型稳压电路、串联型稳压电路，集成稳压器稳压电路和开关型稳压电路等。

### 1. 稳压二极管特性

硅稳压二极管是由硅材料制成的面结合型晶体二极管，它是利用PN结反向击穿时的电压基本上不随电流的变化而变化的特点，来达到稳压的目的。因为它能在电路中起稳压作用，简称稳压管，其图形符号和伏安特性曲线如图2-26所示。与一般二极管不同的是：稳压管工作在反向击穿区，当反向电流在一定范围内变化时，稳压管两端的电压$U_z$基本不变，达到稳定电压的作用。

当反向电压达到$U_z$时，即使电压有一微小的增加，反向电流亦会猛增（反向击穿曲线很陡直），这时，二极管处于击穿状态。如果把击穿电流限制在一定的范围内，管子就可以长时间在反向击穿状态下稳定工作。

### 2. 直流稳压电源

许多电子电路都需要直流稳压电源，普通直流稳压电源的基本组成如图2-27（a）所示。稳压电源稳压电路有多种类型，应

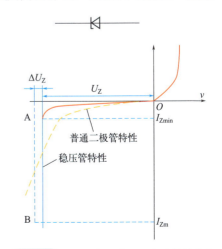

图2-26 硅稳压管的符号及伏安特性曲线

用较多的是图2-27（b）所示的串联稳压电路。其原理是从稳压电路的输出电压中取样，与基准环节确定的稳压值比较，用比较差控制调整环节调节输出电压，其构成实质是电压负反馈电路。这种电路的特点是输出电压稳定、负载能力强。

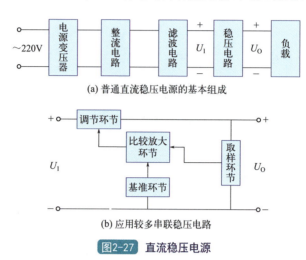

图2-27 直流稳压电源

电子电路的集成化已将调整环节、比较放大环节、基准环节和保护电路等做在一块芯片上，制成集成稳压器。常用的是三端集成稳压器，它们可分为四种类型。

① 三端固定输出正稳压器。如CW78xx系列，xx代表输出的稳压值，例如CW7805的输出电压为+5V。

② 三端固定输出负稳压器。如CW79xx系列，例如CW7905的输出电压为-5V，以下类同。

③ 三端可调输出正稳压器。如CW317系列，其输出电压可在1.2～37V间调节。

④ 三端可调输出负稳压器。如CW237系列。另外，稳压器的输出电流有0.5A、1A、3A等之分，使用时按负载要求适当选择。

同一种集成稳压器有不同的外形，不同类型稳压器的引脚意义不同，CW78xx系列稳压器的外形图及典型应用电路如图2-28所示。

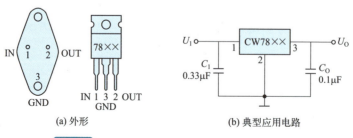

图2-28 CW78xx系列稳压器的外形及典型应用电路

引脚1为电压输入端，接在整流滤波环节后；引脚3为输出端，接负载。当输入端远离整流滤波电路时需外接电容$C_1$用以减小波纹电压，$C_2$用以改善负载的瞬态响应。

CW317型稳压器的外形及典型应用电路如图2-29所示。引脚1为调整端，引脚2为电压输入端。$R_1$、$R_P$决定输出电压的大小，$C_1$、$C_2$的作用与CW78xx稳压器应用电路相同。

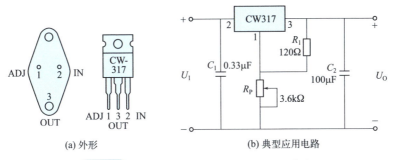

图2-29 CW317型稳压器的外形及典型应用电路

### 3. 三端固定输出正稳压器组成的稳压电路

① 按图2-30连接电路。

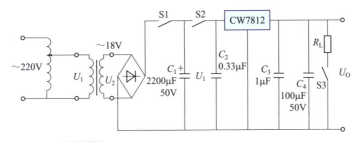

图2-30 三端固定输出正稳压器组成的稳压电路

② 接通电源，调节调压器的输出电压为220V，断开S1，分别测量变压器二次电压$U_2$及整流输出电压$U_i$，用示波器观察$U_2$及$U_i$的电压波形，并验证

$$U_i = 0.9 U_2$$

式中，$U_2$为变压器二次电压的交流有效值；$U_i$为整流输出直流电压的平均值。

③ 闭合S1，断开S2，测量滤波后的空载电压值$U_i$，观察滤波后的电压波形并验证

$$U_i = \sqrt{2} U_2$$

④ 测量稳压电路的输出电压。闭合S1、S2、S3，用数字电压表测量负载两端的电压$U_{OL}$，观察输出电压的波形并验证

$$U_{OL}=12V$$

⑤ 测量输出电阻。断开 $R_3$，用数字万用表测量空载输出电压，记为 $U_{OO}$，则

$$r_O=\left(\frac{U_{OO}}{U_{OL}}-1\right)R_L$$

⑥ 测量电压调整率。闭合 S1、S2、S3，调节自耦调压器，使其输出电压变化 ±10%，测量所对应的输出直流电压值为 $U'_{OL}$，则

$$S_V=\frac{\pm(U'_{OL}-U_{OL})}{U_{OL}}\times100\%$$

### 4. 三端可调输出正稳器组成的稳压电路

① 按图2-31连接电路。

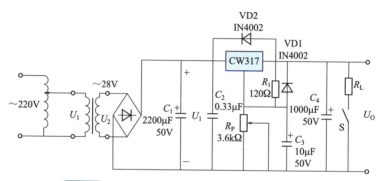

图2-31　三端可调输出正稳压器组成的稳压电源电路

② 检查稳压电路的工作情况。接通电源，调节调压器的输出电压为220V，闭合S，调节 $R_P$，输出电压 $U_O$ 若没有变化，则电路工作基本正常。

③ 测量稳压电源的输出电压范围。调节 $R_P$，分别测量稳压电源的最大和最小输出电压，并观察输出电压的波形。

④ 测量输出电阻。调节 $R_P$，使输出电压 $U_{OL}$=9V。断开S测量相应的空载电压 $U_O$ 并计算输出电阻 $r_O$。

⑤ 测量电压调整率。闭合S，调节 $R_P$，使输出电压 $U_O$=9V。调节自耦调压器，使其输出电压变化 ±10%，测量所对应的输出直流电压值 $U_{OL}$，并计算电压调整率 $S_V$。

## 六、集成运算放大电路的应用

集成运算放大器（简称集成运放）是一种高增益的多级直接耦合放大器，给它外接不同的反馈网络和输入网络后，可以完成各种模拟量的运算，是一种广泛

应用的集成电路器件。

### 1. 集成运算放大器的特点

在线性范围内，对输入信号为有限值的高增益集成运算放大器，可近似看作增益 $A=\infty$，差动输入电阻 $R=\infty$ 的理想运算放大器。因此得出以下两个结论。

① 虚短，即

$$U_+ = U_-$$

式中，$U_+$ 为同相输入端（IN+）的电位；$U_-$ 为反相输入端（IN-）的电位。也可理解为输入电压差为"0"，即 $U_+ U_- = 0$。

② 虚断，即

$$I_+ = I_- = 0$$

式中，$I_+$ 为同相输入端（IN+）的电流；$I_-$ 为反相输入端（IN-）的电流。也可理解为输入电流为"0"，即 $I_+ - I_- = 0$。我们在以后的学习中就是运用这两个结论分析集成运算放大应用电路的，符号如图2-32所示。

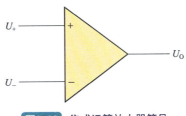

图2-32 集成运算放大器符号

### 2. 集成运算放大器的线性应用

在线性应用电路中，运算放大器带负反馈，可近似为理想器件，具有"虚短"和"虚断"的特点，其本身处于线性工作状态，即输入量之间呈线性关系，外加的反馈网络决定了电路输出量与输入量之间的具体关系。

（1）反相比例运算

电路如图2-33所示，$U_1$ 从反相输入端输入，设组件为理想元件，则闭环放大倍数为

$$A_{uf} = \frac{U_O}{U_1} = -\frac{R_F}{R_1}$$

即输出电压是输入电压的 $R_F/R_1$ 倍且 $U_O$ 与 $U_1$ 反相。若 $R_F = R_1$，则 $U_O = -U_1$，电路称反相器。

（2）同相比例运算

电路如图2-34所示，$U_1$ 从同相输入端输入，则电路的闭环放大倍数为

$$A_{uf} = \frac{U_O}{U_1} = \left(1 + \frac{R_F}{R_1}\right)$$

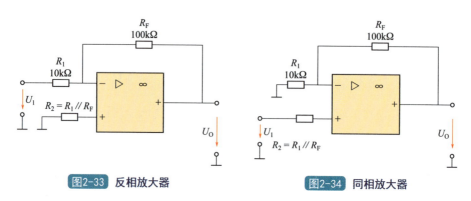

图2-33 反相放大器　　　　　图2-34 同相放大器

即输出电压是输入电压的（$1+R_F/R_1$）倍且$U_O$与$U_1$相同。若只$R_1=\infty$（断开）或$R_F=R_2=R_0$，则$U_O=U_1$称为电压跟随器。

（3）反相加法运算

电路如图2-35所示，两个输入信号$U_{I1}$和$U_{I2}$分别经$R_1$和$R_2$从反相输入端输入，根据叠加原理，有

$$U_O = -\left(\frac{R_F}{R_1}U_{I1} + \frac{R_F}{R_2}U_{I2}\right)$$

当$R_1=R_2=R_F$，时，则$U_O=-(U_{I1}+U_{I2})$，此电路称为反相加法器。

（4）减法运算

电路如图2-36所示，两个输入信号分别从两个输入端输入，由叠加原理可得

$$U_O = -\frac{R_F}{R_1}U_{I1} + \frac{R_3}{R_2+R_3}\left(1+\frac{R_F}{R_1}\right)U_{I2}$$

若$R_1=R_2$，$R_F=R_3$，则

$$U_O = \frac{R_F}{R_1}(U_{I2} - U_{I1})$$

当$R_F=R_1$时，$U_O=U_{I2}-U_{I1}$，此电路称为减法器。

### 3. 集成运算放大器的非线性应用

在非线性应用电路中，运放处于无反馈（开环）或带正反馈的工作状态，运放的输出电压不是正向饱和值$+U_{OM}$就是负向饱和值$-U_{OM}$，即其输出电压$U_O$与输入电压$U_{I1}$之间为非线性关系。

（1）反相输入滞回电压比较器

由于运放开环增益很大，因此其两个输入端只要有极小的电压差，其输出就

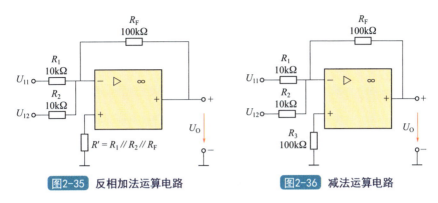

图2-35 反相加法运算电路　　　图2-36 减法运算电路

为运放的正向饱和值$+U_{OM}$或负向饱和值$-U_{OM}$。显然，开环工作的运放就是一个电压比较器，它将接在运放一个输入端的信号电压与另一个输入端的参考电压进行比较，而运放输出端的正负则反映了两个电压比较的结果。这种由开环运放组成的电压比较器具有电路简单、灵敏度高的优点，但抗干扰能力较差。当输入信号电压受到干扰而在比较器的阈值电压（这种由开环运放组成的电压比较器的阈值电压等于参考电压值）左右变动时，比较器的输出电压就会发生来回跳变。

为提高电压比较器的抗干扰能力，可采用由带正反馈的运放组成的滞回差电压比较器（又称施密特触发器），其输出电压高电平和低电平两者之间的相互转换，对应于两个不同的阈值电压，因而具有滞回控制特性。

图2-37所示为反相输入滞回电压比较器。图中的$U_i$为输入信号，$U_R$为参考电压，稳压管VS起限幅作用，使输出电压的正负最大值为$+U_S$。

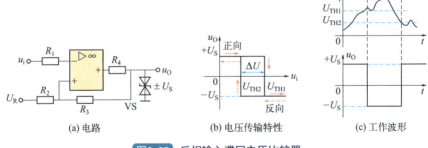

(a) 电路　　(b) 电压传输特性　　(c) 工作波形

图2-37 反相输入滞回电压比较器

比较器输出电压发生跳变的临界条件是运放同相输入端的电压$U_+$与运放反相输入端的电压$U_-$相等。运用叠加定理，可得运放同相输入端的电压为

$$U_+ = U_R R_3/(R_2+R_3) + U_O R_2/(R_2+R_3)$$
$$= (R_3 U_R + R_2 U_O)/(R_2+R_3)$$

由于$U_-=u_i$，而$U_-=U_+$时所对应的$u_i$值就是阈值电压，故此电压比较器的阈

值电压 $U_{TH}$ 为

$$U_{TH}=(R_3U_R+R_2u_O)/(R_2+R_3)$$

式中，$u_O$ 为输出高电压 $+U_z$，或输出低电压 $-U_z$。

将 $U=+U_z$ 和 $u_o=-U_z$ 分别代入上式，即可得到两个不同的阈值

$$U_{TH1}=(R_3U_R+R_2U_z)/(R_2+R_3)$$

$$U_{TH2}=(R_3U_R-R_2U_z)/(R_2+R_3)$$

两个阈值电压之差称为回差电压

$$\Delta U = U_{TH1} - U_{TH2} = \frac{2R_2U_S}{R_2+R_3}$$

反向输入滞回电压比较器的电压传输特性如图2-37（b）所示，当 $u_i < U_{TH2}$ 时，$u_O=+U_z$；若 $u_i$ 逐渐上升，直到 $u_i=U_{TH1}$ 时，$u_O$ 才发生跳变，$u_O=-U_S$；若 $u_i$ 继续上升，则 $u_O$ 将保持不变，仍为 $-U_S$。当 $u_i > U_{TH1}$ 时，$u_O=-U_z$；若 $u_i$ 逐渐降低，直到 $u_i=U_{TH2}$ 时，$u_O$ 才发生跳变，$u_O=+U_S$；若 $u_i$ 继续降低，则 $u_O$ 仍为 $+U_z$。

当输入信号电压因受干扰而发生异常变动时，只要其不超过相应的阈值电压，这种滞回电压比较器的输出就保持稳定不变，如图2-37（c）所示。因此，滞回电压比较器具有一定的抗干扰能力，通常用于环境干扰较大的场合和波形整定等。

滞回电压比较器还可作为双位调节器用于自动控制中，例如，当输入信号为反映被控温度的电压时，用滞回电压比较器的输出，来驱动继电器，控制加热器的通断，便可组成简单的双位自动温控系统。改变参考电压 $U_R$ 可改变温度的设定值，改变回差电压 $u_O$ 可改变被控温度的上、下限，从而确定温控的精度。

（2）锯齿波发生器

图2-38（a）所示为锯齿波发生器的基本电路。图2-38（a）中，运放A1组成同相输入滞回电压比较器，运放A2组成积分器。该电路利用二极管的单向导电性，使积分器电容的充电回路与放电回路有所不同，从而得到锯齿波输出。

设 $t=0$ 时，$u_{O1}=-U_S$，则二极管VD2导通，VD1截止，电容 $C$ 被充电，在忽略二极管导通电阻的情况下，充电时间常数约为 $R_{RP"}C$，积分器输出 $u_O$ 按线性规律逐渐上升，形成锯齿波的正程。随着 $u_O$ 上升，A1的同相输入端的电位 $U+1$ 也逐渐上升，当 $U+1$ 上升并由负值过零时，$u_{O1}$ 从 $-U_S$ 跳变到 $+U_S$，同时 $U+1$ 也跳变到比零更高的值。在 $u_{O1}$ 变为 $+U_S$ 后，二极管VD1导通，VD2截止，电容 $C$ 放电，在忽略二极管导通电阻的情况下，放电时间常数为 $R_{RPC}$，积分器输出 $u_O$ 开始按线性规律逐渐下降，形成锯齿波的回程。$U+1$ 也随 $u_O$ 逐渐下降，当 $U+1$ 下降过零时，$u_{O1}$ 从 $+U_S$ 又跳变到 $-U_S$。如此周而复始，产生振荡。当 $R_{RP"C} > R_{RP'C}$ 时，

充电时间常数远大于放电时间常数，积分器A2输出电压$u_O$的正程时间大于回程时间，$u_O$的波形为锯齿波，而比较器输出Y01则为矩形波，如图2-38（b）所示，如果$R_{RP''C}=R_{RPC}$，则$u_O$的波形为三角形，而$u_{O1}$为方波。

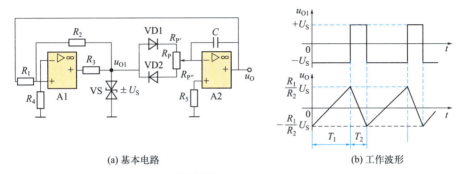

(a) 基本电路  (b) 工作波形

图2-38 锯齿波发生器

从上面分析可知，当$u_{O1}$发生跳变时，$u_O$的值就是输出电压的峰值，而$u_{O1}$发生跳变的临界条件是运放A1的两个输入端电位相等，即$U+1=U-1=0$，此时流过电阻$R_1$的电流等于流过$R_2$的电流，即$I_1=I_2=U_S/R_2$。因此，锯齿波发生器输出电压的峰值$U_{OM}$为

$$U_{OM}=I_1R_1=(R_1/R_2)U_S$$

锯齿波的振荡周期$T$为锯齿波发生器的正程时间$T_1$与回程时间$T_2$之和，即

$$T=T_1+T_2=2R_{RP}''CR_1/R_2+2R_{RP}'CR_1/R_2=2R_{RP}CR_1/R_2$$

锯齿波的回程时间$T_2$与周期$T$之比为

$$T_2/T=R_{RP}/R_{RP}$$

因此，当调节$R_P$时，可以改变矩形波的占空比。由于$R_{RP}$不变，故可以在保持锯齿波的振荡周期$T$不变的情况下，改变锯齿波的正程时间$T_1$与回程时间$T_2$，从而可以改变锯齿波的波形。

### 4. 集成运算放大器 μA741

μA741是常见的一种集成运算放大器，它的引脚和符号排列如图2-39所示，各引脚的用途是：

① 2脚为反相输入端（IN-），信号由此端输入，$U_O$与$U_I$反相。

② 3脚为同相输入端（IN+），信号由此端输入，$U_O$与$U_I$同相。

③ 4脚为外接负电源端，一般接-15V直流稳

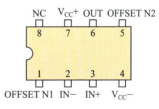

图2-39 μA741外形

压电源。

④ 7脚为外接正电源端，一般接+15V直流稳压电源。

⑤ 1脚和5脚为调零端，外接调零电位器，通常为4.7kΩ电位器。

⑥ 6脚端为输出端。

⑦ 8脚为空脚。

### 5. 集成功率放大电路

集成功率放大电路实质上还是一种集成运算放大器，不过它的输出级常用复合管组成OCL电路，具有较强的功率放大作用。功率放大电路的集成化，解决了OCL电路中选配推挽对称管带来的麻烦，也给功率放大电路的安装与调试带来了极大的方便，因此得到了广泛的应用。集成功率放大器按应用分为通用型和专用型两类。

LA4100集成功率放大器属专用功率放大器，其引脚排列如图2-40所示。由LA4100组成的功率放大电路如图2-41所示。图中外接电容$C_1$、$C_2$、$C_9$为耦合电容，$C_3$为滤波电容，$C_4$为自举电容，$C_5$、$C_6$用以消除自激振荡，$C_7$、$C_8$为退耦滤波电容。

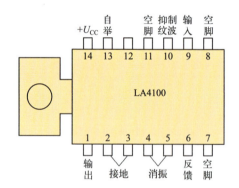

图2-40 LA4100集成功率放大器引脚排列

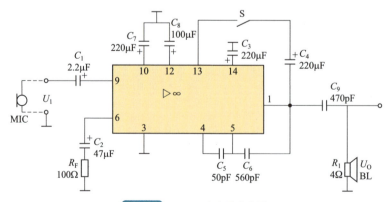

图2-41 LA4100功率放大电路

# 第三章 电工工具与仪表

## 第一节 常用电工工具

电工常用验电器、电工钳、电工刀及电烙铁的使用方法可扫二维码详细学习。

常用电工工具

## 第二节 常用电工仪表的使用

### 一、数字万用表

#### 1. 数字万用表结构

数字万用表是一种多功能、多量程、便于携带的电子仪表。它可以用来测量直流电流、电压,交流电流、电压,电阻,电容容量和晶体管直流放大倍数等物理量。数字万用表由表头、测量线路、转换开关以及测试表笔等组成。数字万用表结构面板标注如图3-1所示。

#### 2. 电路导线通断测量方法

准备好数字万用表,将黑表笔和红表笔插在对应的接口位置,这里黑表笔插在COM接口,也就是公用接口,红表笔插在VΩ接口,测量电压、电阻、电流等,这也是万用表通用插法。

数字万用表有测量二极管挡或者蜂鸣器挡位,将挡位调到这个挡位,然后短接两根表笔进行通断测试(避免万用表故障造成误判,蜂鸣器响正常)。然后将红笔接导线的一头,黑笔接导线另一头,如果电线是通的,蜂鸣器会响;如果不响,说明电线断路不通。如图3-2所示。

#### 3. 使用数字万用表测量交流电压

准备好数字万用表,将黑表笔和红表笔插在对应的接口位置,这里黑表笔插

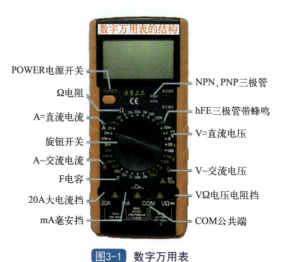

图3-1 数字万用表

测量通断性时，选择蜂鸣器挡位，有蜂鸣器声音，代表这根线是通的；如果没有蜂鸣器声音或显示"OL"，代表这根线是断开的

图3-2 数字万用表测量通断

在COM接口，也就是公用接口，红表笔插在VΩ接口，测量电压、电阻、电流等，这也是万用表通用插法。

将万用表的拨盘旋钮调到交流挡位，然后将红色和黑色的表笔接到插座上，通常插座上的孔位顺序是左零、右火、上地。标准操作方法是将红表笔插入火线槽，黑表笔插入零线槽，图3-3、图3-4分别为测量插排电压、测量面板插座电压。

### 4. 使用数字万用表测量直流电压

准备好数字万用表，将黑表笔和红表笔插在对应的接口位置，这里黑表笔插在COM接口，也就是公用接口，红表笔插在VΩ接口，测量电压、电阻、电流等，这也是万用表通用插法。

将万用表调到直流电压挡位，用万用表的红表笔和黑表笔分别测量电池的正交流电压(即市电)的电压范围通常为220V±15%，即187～253V，受各种因素影响较大，一般在用电高峰时电压较低，国内各城市不尽相同，如果测出的电压不是220V，是非常正常的情况，并非万用表不准

图3-3 测量插排电压

图3-4 测量插座电压

负极，如果测量出来是正值，说明红表笔接的是电池的正极，黑表笔接的是电池的负极。如图3-5为9V电池直流电压测试。

电池饱满的时候电压高，对9V方块电池的直流电压测试，结果显示9.7，从这个结果可以判断这个电池性能很好

图3-5 9V电池直流电压测试

### 5. 使用数字万用表测量电阻

准备好数字万用表，首先连接表笔，红色表笔插入VΩ挡，黑色表笔插在COM端，如图3-6所示。

图3-6 电阻测量万用表准备

将万用表的拨盘旋钮调到万用表电阻挡位，测量电阻就要使用电阻挡，如果不确定电阻值多少，可以旋转到我们预估值的挡位，测量前短接两根表笔进行通断测试，避免万用表自身故障，连接电阻器的两端，表笔随便接，没有正负之分，一定要确保接触良好；读出万用表显示的数据，如果万用表没有数据出现，可能是电阻器坏了，还有一种可能是量程不够，需更换量程；把量程增大，如果一直没有数据显示证明电阻器坏了，如果有数据要注意加上挡位的单位才是电阻准确值。

万用表测量电阻实际操作如图3-7、图3-8，分别为测量900Ω电阻、超量程或电阻损坏、10Ω电阻实际显示值。

图3-7 测量900Ω电阻

测量电阻时，大阻值0~20MΩ超量程显示"1"

图3-8 超量程或电阻损坏显示最大值情况

### 6. 使用数字万用表测量交流或直流电流

使用数字万用表测量交流电流如图3-9所示，步骤如下：

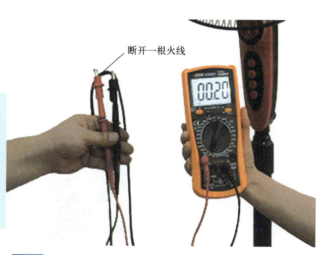

**交流电流的测试方法**

串联测电风扇的火线同一根线的两端即可

注意事项：

在未能确定有多大的电流时，一定要调到最大挡，在需要挡时一定要关机，不能带电换挡，在串联电路中电压相加，电流相等，并联电路中电压相等，电流相加

断开一根火线

图3-9 数字万用表测量交流电流

① 断开电路（图3-24）中火线，此处断开电风扇火线；
② 黑表笔插入COM端口，红表笔插入mA或者20A端口，一般插入20A；
③ 功能旋转开关打至A～（交流），A-（直流），并选择合适的量程；
④ 断开被测线路，将数字万用表串联入被测线路中（串联到电风扇电路），被测线路中电流从一端流入红表笔，经万用表黑表笔流出，再流入被测线路中；
⑤ 接通电路；
⑥ 读出显示屏显示数字即为所测电流值。

## 二、钳形电流表

### 1. 认识钳形电流表

钳形电流表（简称钳形表）是电机运行和维修工作中最常用的测量仪表之一。特别是近几年钳形表增加了测量交、直流电压和直流电阻以及电源频率等功能后，其用途则更为广泛。常用钳形电流表外形如图3-10所示。

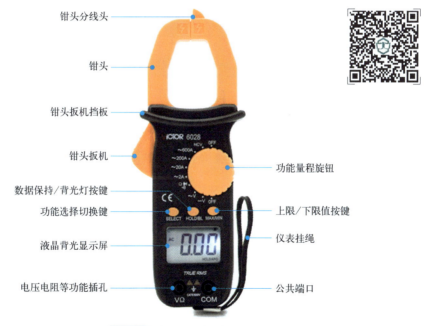

图3-10 常用钳形电流表外形

### 2. 使用钳形电流表测量电流

测量电流时，按动扳手，打开钳口，将被测载流导线置于穿心式电流互感器的中间，当被测导线中有交变电流通过时，交流电流的磁通在互感器副边绕组中感应出电流，该电流通过LED显示屏显示所测电流值。如图3-11所示。

(a) 使用钳形电流表测量交流接触器A相电流　　(b) 使用钳形电流表测量220V单相电流

图3-11　使用钳形电流表测量电流

### 3. 使用钳形表单表笔快速检测火线

将功能旋钮转至LIVE挡，将红色表笔插入INPUT端，红色表笔笔尖插入电源插座或是火线端，仪表发出声光报警时表示测试的是火线，否则为零线或地线插孔，如图3-12所示。

图3-12　单表笔快速检测火线

### 4. 使用钳形表测量电压

将旋钮旋转至交流电压挡，切换成交流电压测量模式，将黑红表笔插入对应插孔，另一端触及被测部件。从显示屏读取测量结果即可，如图3-13所示。

图3-13　使用钳形表测量电压

## 三、兆欧表

### 1. 手摇兆欧表的结构

兆欧表由一个手摇发电机、表头和接线柱（即L：线路端、E：接地端、G：屏蔽端）组成，"G"（即屏蔽端）也叫保护环。如图3-14所示。

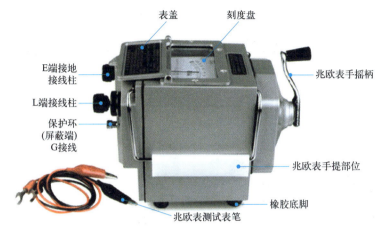

**图3-14** 手摇兆欧表的结构

### 2. 手摇兆欧表使用前的检查

（1）第一次使用手摇兆欧表需进行完好的检查（如图3-15所示）

第一步：在无线的情况下，可顺时针摇动手柄

第二步：在正常情况下，指针向右滑动停留在∞的位置

第三步：黑色测试笔接E端，红色笔接L端，测试夹对接测试

第四步：顺时针缓慢转动手柄，指针会归零

**图3-15** 新兆欧表好坏检查方法

（2）开路检测（如图3-16所示）

第一步：开路时顺时针以120r/min匀速摇动手柄

第二步：指针指向无穷大(∞)的位置

图3-16　兆欧表使用前开路检测

（3）短路检测（如图3-17所示）

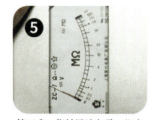

第一步：E端L端连接，进行短接

第二步：顺时针摇动手柄

第三步：指针迅速归零，仪表完好可以开始检测

图3-17　兆欧表使用前短路检测

### 3.使用手摇兆欧表测量输电线路对地绝缘

手摇兆欧表测量输电线路，要根据线路等级选择兆欧表。测量时，将线路端接线，搭在被测线路上，另一端接地，被测量输电线路如是新架设的，阻值不应小于20MΩ，正在运行线路，不能低于1MΩ。在使用中首先停电、放电、验电，断开接地线，然后用兆欧表进行摇测输电线路对地绝缘。如图3-18所示。

电力线路对地绝缘

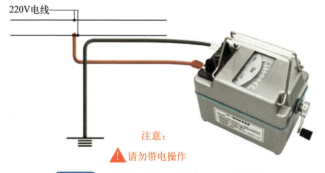

注意：
⚠ 请勿带电操作

图3-18　手摇兆欧表测量输电线路对地绝缘

### 4. 使用手摇兆欧表测量电机对地绝缘

一般用兆欧表测量电动机的绝缘电阻值，要测量每两相绕组和每相绕组与机壳之间的绝缘电阻值，以判断电动机的绝缘性能好坏。使用兆欧表测量绝缘电阻时，通常对500V以下电压的电动机用500V兆欧表测量；对500～1000V电压的电动机用1000V兆欧表测量；对1000V以上电压的电动机用2500V兆欧表测量。

电动机绝缘电阻测量步骤如下：

① 将电动机接线盒内6个端头的联片拆开。

② 把兆欧表放平，先不接线，摇动兆欧表，对兆欧表进行检查。表针应指向"∞"处，再将表上有"L"（线路）和"E"（接地）的两接线柱用带线的试夹短接，慢慢摇动手柄，表针应指向"0"处。

③ 测量电动机三相绕组之间的电阻。将两测试夹分别接到任意两相绕组的任一端头上，平放摇表，以120r/min匀速摇动兆欧表1min后，读取表针稳定的指示值。

④ 用同样方法，依次测量每相绕相与机壳的绝缘电阻值。但应注意，表上标有"E"或"接地"的接线柱，应接到机壳上无绝缘的地方。如图3-19所示。

电机绝缘电阻用兆欧表检测时，测量对地电阻时电机绝缘阻值都要求在0.5MΩ以上。

电机接地电阻是地线的专有检测项，要求在4Ω以下，是用另外的"接地电阻测试仪"检测。

电机的绝缘测试

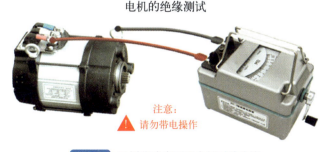

注意：
⚠ 请勿带电操作

图3-19 手摇兆欧表测量电机对地绝缘

### 5. 使用手摇兆欧表测量变压器相间绝缘电阻

兆欧表测量变压器对地绝缘电阻应根据变压器的电压等级选择相应量程的兆欧表，测量时应将高低压分别测量，将兆欧表一端接绕组，另一端接地，然后用120r/min的速度匀速摇动手柄，就可以测出绝缘阻值，测量时为保证精确，需要对三相绕组分别测量。国标没有规定变压器高低压的对地绝缘电阻值，规定了干式变压器铁芯对地的绝缘电阻值是200MΩ。如图3-20所示。

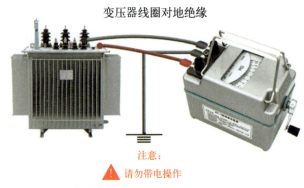

注意：
⚠ 请勿带电操作

图3-20　兆欧表测量变压器对地绝缘电阻

### 6. 使用手摇兆欧表测量低压电缆相间绝缘电阻

作为一名电工，在测量低压电缆相间绝缘电阻时要注意，电力电缆各缆芯与外皮均有较大的电容。因此，对电力电缆绝缘电阻的测量，应首先断开电缆的电源及负荷，并经充分放电之后才能进行，测量时我们应在干燥的气候条件下进行测量，测量的方法如下。

① 首先我们要按照电力电缆的额定电压值选择合适的兆欧表。要求500V电缆选用500V或1000V兆欧表。

② 在对电缆绝缘电阻测量前我们要对兆欧表进行开路试验和短路试验，确保兆欧表完好性。

③ 在测量电缆对地的绝缘电阻时，就要使用"G"端，并将"G"端接屏蔽层或外壳。线路接好后，可按顺时针方向转动摇把，摇动的速度应由慢而快，当转速达到120r/min时，保持匀速转动，1min后读数，并且要边摇边读数，不能停下来读数。如图3-21所示。

④ 当我们取得测量结果后，首先将电缆芯线的连接导线取下，再停止摇动兆欧表手柄，并立即对电缆芯线放电，然后再测量电缆的另一相芯线的绝缘电阻。

⑤ 切记测量完毕后，需要对电缆芯线进行充分放电，以防触电。

### 7. 手摇兆欧表测量绝缘电阻注意事项

① 摇测过程中，被测设备上不能有人工作。

(1) 电缆护套对地绝缘　　　　　　　(2) 电线电缆相间绝缘

注意：
⚠ 请勿带电操作

图3-21　兆欧表测量低压电缆相间绝缘电阻

② 兆欧表未停止转动之前或被测设备未放电之前，严禁用手触及。拆线时，也不要触及引线的金属部分。

③ 兆欧表线不能绞在一起，要分开。

④ 测量结束时，对于大电容设备要放电。

⑤ 兆欧表接线柱引出的测量软线绝缘应良好，两根导线之间和导线与地之间应保持适当距离，以免影响测量精度。

⑥ 为了防止被测设备表面泄漏电阻，使用兆欧表时，应将被测设备的中间层（如电缆壳芯之间的内层绝缘物）接于保护环。

⑦ 禁止在雷电时或高压设备附近测绝缘电阻，只能在设备不带电也没有感应电的情况下测量。

## 四、电工安全用具

电工安全带、绝缘手套的正确使用和电工脚扣登高规范作业可扫二维码详细学习。

电工安全带的
正确使用

电工绝缘手套的
正确使用

电工脚扣登高
规范作业

# 第四章 电工识图

## 第一节 电工识图及常用符号

### 一、电气设备常用基本文字符号与用法

文字符号是表示电气设备、装置、电气元件的名称、状态和特征的字符代码,在电气图中,一般标注在电气设备、装置、电气元件上或其近旁。电气图中常用的文字符号见表4-1。

表4-1 电气图中常用的文字符号

| 单字母符号 | | 双字母符号 | | | |
|---|---|---|---|---|---|
| 符号 | 种类 | 举例 | | 符号 | 类别 |
| D | 二进制逻辑单元延迟器件、存储器件 | 数字集成电路和器件、延迟线、双稳态元件、单稳态元件、磁性存储器、寄存器磁带记录机、盒式记录机 | | | |
| E | 其他元器件 | 本表其他地方未提及的元件 | | | |
| E | 其他元器件 | 光器件、热器件 | | EH | 发热器件 |
| E | 其他元器件 | 光器件、热器件 | | EL | 照明灯 |
| E | 其他元器件 | 光器件、热器件 | | EV | 空气调节器 |
| F | 保护器件 | 熔断器、避雷器、过电压放电器件 | | FA | 具有瞬时动作的限流保护器件 |
| F | 保护器件 | 熔断器、避雷器、过电压放电器件 | | FR | 具有延时动作的限流保护器件 |
| F | 保护器件 | 熔断器、避雷器、过电压放电器件 | | FS | 具有瞬时和延时动作的限流保护器件 |
| F | 保护器件 | 熔断器、避雷器、过电压放电器件 | | FU | 熔断器 |
| F | 保护器件 | 熔断器、避雷器、过电压放电器件 | | FV | 限压保护器件 |
| G | 信号发生器、发电机、电源 | 旋转发电机、旋转变频机、电池、振荡器、石英晶体振荡器 | | GS | 同步发电机 |
| G | 信号发生器、发电机、电源 | 旋转发电机、旋转变频机、电池、振荡器、石英晶体振荡器 | | GA | 异步发电机 |
| G | 信号发生器、发电机、电源 | 旋转发电机、旋转变频机、电池、振荡器、石英晶体振荡器 | | GB | 蓄电池 |
| G | 信号发生器、发电机、电源 | 旋转发电机、旋转变频机、电池、振荡器、石英晶体振荡器 | | GF | 变频机 |

续表

| 单字母符号 | | 双字母符号 | | |
|---|---|---|---|---|
| 符号 | 种类 | 举例 | 符号 | 类别 |
| H | 信号器件 | 光指示器、声响指示器、指示灯 | HA | 声响指示器 |
| | | | HL | 光指示器 |
| | | | HL | 指示灯 |
| K | 继电器、接触器 | | KA | 电流继电器 |
| | | | KA | 中间继电器 |
| | | | KL | 闭锁接触继电器 |
| | | | KL | 双稳态继电器 |
| | | | KM | 接触器 |
| | | | KP | 压力继电器 |
| | | | KT | 时间继电器 |
| | | | KH | 热继电器 |
| | | | KR | 簧片继电器 |
| L | 电感器、电抗器 | 感应线圈、线路限流器、电抗器（并联和串联） | LC | 限流电抗器 |
| | | | LS | 启动电抗器 |
| | | | LF | 滤波电抗器 |
| M | 电动机 | | MD | 直流电动机 |
| | | | MA | 交流电动机 |
| | | | MS | 同步电动机 |
| | | | MV | 伺服电动机 |
| N | 模拟集成电路 | 运算放大器、模拟/数字混合器件 | | |
| P | 测量设备、试验设备 | 指示、记录、计算、测量设备，信号发生器、时钟 | PA | 电流表 |
| | | | PC | （脉冲）计数据 |
| | | | PJ | 电能表 |
| | | | PS | 记录仪器 |
| | | | PV | 电压表 |
| | | | PT | 时钟、操作时间表 |
| Q | 电力电路的开关 | 断路、隔离开关 | QF | 断路器 |
| | | | QM | 电动机保护开关 |
| | | | QS | 隔离开关 |
| | | | QL | 负荷开关 |

续表

| 单字母符号 | | | 双字母符号 | |
|---|---|---|---|---|
| 符号 | 种类 | 举例 | 符号 | 类别 |
| R | 电阻器 | 电位器、变阻器、可变电阻器、热敏电阻、测量分流器 | RP | 电位器 |
| | | | RS | 测量分流器 |
| | | | RT | 热敏电阻 |
| | | | RV | 压敏电阻 |
| S | 控制、记忆、信号电路的开关器件 | 控制开关、按钮、选择开关、限制开关 | SA | 控制开关 |
| | | | SB | 按钮 |
| | | | SP | 压力传感器 |
| | | | SQ | 位置传感器（包括接近传感器） |
| | | | SR | 转速传感器 |
| | | | ST | 温度传感器 |
| T | 变压器 | 电压互感器、电流互感器 | TA | 电流互感器 |
| | | | TM | 电力变压器 |
| | | | TS | 磁稳压器 |
| | | | TC | 控制电路电力变压器 |
| | | | TV | 电压互感器 |

### 1. 常用文字符号用途及辅助文字符号

（1）文字符号的用途

① 为项目代号提供电气设备、装置和电气元件各类字符代码和功能代码。

② 作为限定符号与一般图形符号组合使用，以派生新的图形符号。

③ 在技术文件或电气设备中表示电气设备及电路的功能、状态和特征。

未列入大类分类的各种电气元件、设备，可以用字母"E"来表示。

双字母符号由表4-1的左边部分所列的一个表示种类的单字母符号与另一个字母组成，其组合形式以单字母符号在前，另一字母在后的次序标出，见表4-1的右边部分。双字母符号可以较详细和更具体地表达电气设备、装置、电气元件的名称。双字母符号中的另一个字母通常选用该类电气设备、装置、电气元件的英文单词的首位字母，或常用的缩略语，或约定的习惯用字母。例如，"G"表示电源类，"GB"表示蓄电池，"B"为蓄电池的英文名称（Battery）的首位字母。

标准给出的双字母符号若仍不够用时，可以自行增补。自行增补的双字母代号，可以按照专业需要编制成相应的标准，在较大范围内使用；也可以用设计说明书的形式在小范围内约定俗成，只应用于某个单位、部门或某项设计中。

（2）辅助文字符号　电气设备、装置和电气元件的各类名称用基本文字符号表示，而它们的功能、状态和特征用辅助文字符号表示，通常用表示功能、状态和特征的英文单词的前一或两位字母构成，也可采用缩略语或约定俗成的习惯用法构成，一般不能超过三位字母。例如，表示"启动"，采用"START"的前两位字母"ST"作为辅助文字符号；而表示"停止（STOP）"的辅助文字符号必须再加一个字母，为"STP"。

辅助文字符号也可放在表示的单字母符号后边组合成双字母符号，此时辅助文字符号一般采用表示功能、状态和特征的英文单词的第一个字母，如"GS"表示同步发电机，"YB"表示制动电磁铁等。

某些辅助文字符号本身具有独立的、确切的意义，也可以单独使用。例如，"N"表示交流电源的中性线，"DC"表示直流电，"AC"表示交流电，"AUT"表示自动，"ON"表示开启，"OFF"表示关闭等。常用的辅助文字符号见表4-2。

表4-2　常用的辅助文字符号

| H | 高 | RD | 红 | ADD | 附加 |
|---|---|---|---|---|---|
| L | 低 | GN | 绿 | ASY | 异步 |
| U | 升 | YE | 黄 | SYN | 同步 |
| D | 降 | WH | 白 | A（AUT） | 自动 |
| M | 主 | BL | 蓝 | M（MAN） | 手动 |
| AUX | 辅 | BK | 黑 | ST | 启动 |
| N | 中 | DC | 直流 | STP | 停止 |
| FW | 正 | AC | 交流 | C | 控制 |
| R | 反 | V | 电压 | S | 停号 |
| ON | 开启 | A | 电流 | IN | 输入 |
| OFF | 关闭 | T | 时间 | OUT | 输出 |

（3）数字代码　数字代码的使用方法主要有两种：

① 数字代码单独使用　数字代码单独使用时，表示各种电气元件、装置的种类或功能，须按序编号，还要在技术说明中对代码意义加以说明。例如，电气设备中有继电器、电阻器、电容器等，可用数字来代表电气元件的各类，如"1"代表继电器，"2"代表电阻器，"3"代表电容器。再如，开关有"开"和"关"两种功能，可以用"1"表示"开"，用"2"表示"关"。

电路图中电气图形符号的连线处经常有数字，这些数字称为线号。线号是区别电路接线的重要标志。

② 数字代码与字母符号组合使用　将数字代码与字母符号组合起来使用，

可说明同一类电气设备、电气元件的不同编号。数字代码可放在电气设备、装置或电气元件的前面或后面，若放在前面应与文字符号大小相同，放在后面一般应作为下标，例如，3个相同的继电器可以表示为"1KA、2KA、3KA"或"$KA_1$、$KA_2$、$KA_3$"。

（4）文字符号的使用

① 一般情况下，编制电气图及编制电气技术文件时，应优先选用基本文字符号、辅助文字符号以及它们的组合。而在基本文字符号中，应优先选取用单字母符号，只有当单字母符号不能满足要求时方可采用双字母符号。基本文字符号不能超过两位字母，辅助文字符号不能超过3位字母。

② 辅助文字符号可单独使用，也可将首位字母放在表示项目种类的单字母符号后面组成双字母符号。

③ 当基本文字符号和辅助文字符号不够用时，可按有关电气名词术语国家标准或专业标准中规定的英文术语缩写进行补充。

④ 由于字母"I""O"易与数字"1""0"混淆，因此不允许用这两个字母作文字符号。

⑤ 文字符号可作为限定符号与其他图形符号组合使用，以派生出新的图形符号。

⑥ 文字符号一般标在电气设备、装置或电气元件的图形符号上或其近旁。

⑦ 文字符号不适于电气产品型号编制与命名。

### 2. 电工电路中端子代号

端子代号是指项目（如成套柜、屏）内、外电路进行电气连接的接线端子的代号。电气图中端子代号的字母必须大写。

电气接线端子与特定导线（包括绝缘导线）相连接时，规定有专门的标记方法。例如，三相交流电动机的接线端子若与相位有关系时，字母代号必须是"U""V""W"并且与交流三相导线"$L_1$""$L_2$""$L_3$"一一对应。电气接线端子的标记见表4-3，特定导线的标记见表4-4。

表4-3 电气接线端子的标记

| 电气接线端子的名称 | | 标记符号 | 电气接线端子的名称 | 标记符号 |
|---|---|---|---|---|
| 交流系统 | 1相 | U | 接地 | E |
| | 2相 | V | 无噪声接地 | TE |
| | 3相 | W | 机壳或机架 | MM |
| | 中性线 | N | 等电位 | CC |
| 保护接地 | | PE | | |

表4-4 特定导线的标记

| 电气接线端子的名称 | | 标记符号 | 电气接线端子的名称 | 标记符号 |
|---|---|---|---|---|
| 交流系统 | 1相 | $L_1$ | 保护接线 | PE |
| | 2相 | $L_2$ | 不接地的保护导线 | PU |
| | 3相 | $L_3$ | 保护接地线和中性线共用一线 | PEN |
| | 中性线 | N | 接地线 | E |
| 直流系统的电源 | 正 | $L_+$ | 无噪声接地线 | TE |
| | 负 | $L_-$ | 机壳或机架 | MM |
| | 中性线 | $L_M$ | 等电位 | CC |

## 二、电工常用图形符号

电气图中常用的图形符号见表4-5。

表4-5 电气图中常用的图形符号

| 图形符号 | 说明及应用 | 图形符号 | 说明及应用 |
|---|---|---|---|
|  Ⓖ | 发电机 |  (M) | 直流串励电动机 |
|  (M 3~) | 三相笼型感应电动机 |  | 具有动合触点且自动复位的拉拔开关 |
|  (M 1~) | 单相笼型感应电动机 |  | 具有动合触点但无自动复位的旋转开关 |
|  (M 3~) | 三相绕线转子感应电动机 | 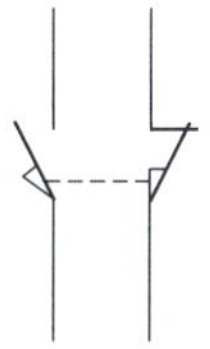 | 位置开关先断后合的复合触点 |
| 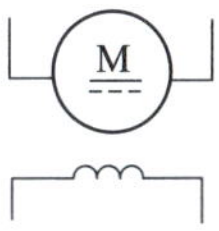 (M) | 直流他励电动机 | 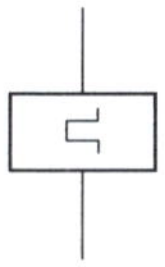 | 热继电器的热元件 |

续表

| 图形符号 | 说明及应用 | 图形符号 | 说明及应用 |
|---|---|---|---|
|  | 热继电器的动合触点 |  | 具有复合触点且自动复位的按钮开关 |
|  | 热继电器的动断触点 |  | 断电延时时间继电器线圈 |
|  | 通电延时时间继电器线圈 |  | 熔断器式负荷开关 |
|  | 直流并励电动机 |  | 灯和信号灯的一般符号 |
|  | 隔离开关 |  | 双绕组变压器 |
|  | 负荷开关 |  | 三绕组变压器 |
|  | 具有内装的测量继电器或脱扣器触发的自动释放功能的负荷开关 |  | 自耦变压器 |
|  | 手动操作开关的一般符号 | 形式1　形式2 | 扼流圈、电抗器 |
|  | 具有动合触点且自动复位的按钮开关 | 形式1　形式2 | 电流互感器脉冲变压器 |

续表

| 图形符号 | 说明及应用 | 图形符号 | 说明及应用 |
|---|---|---|---|
| 形式1　形式2 | 电压互感器 | | 接近开关的动合触点 |
| | 位置开关的动合触点 | | 磁铁接近动作的接近开关的动合触点 |
| | 位置开关的动断触点 | | 断路器 |
| | 断电延时时间继电器线圈释放时，延时闭合的动断触点 | | 操作器件的一般符号<br>继电器、接触器的一般符号<br>具有几个绕组的操作器件，在符号内画与绕组数相等的斜线 |
| | 断电延时时间继电器线圈释放时，延时断开的动合触点 | | 接触器主动合触点 |
| | 通电延时时间继电器线圈吸合时，延时闭合的动合触点 | | 接触器主动断触点 |
| | 通电延时时间继电器线圈吸合时，延时断开的动断触点 | | 动合（常开）触点<br>该符号可作开关一般的符号 |
| | 接触敏感开关的动合触点 | | 动断（常闭）触点 |

续表

| 图形符号 | 说明及应用 | 图形符号 | 说明及应用 |
|---|---|---|---|
|   | 先断后合的转换触点 | 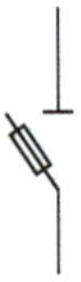  | 熔断器式隔离开关 |
|   | 熔断器的一般符号 |  | 火花间隙 |
|   | 熔断器式开关 |   | 避雷器 |

## 三、弱电常用图形符号

弱电常用图形符号如表4-6所示。

表4-6　弱电常用图形符号

| 名称 | 符号 | 名称 | 符号 | 名称 | 符号 |
|---|---|---|---|---|---|
| 天线 |   | 层接线箱 | 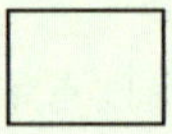  | 分路广播控制盘 | RS |
| 调幅调频收音机 |  AM/FM | 变压器 |   | 磁卡读卡机 | 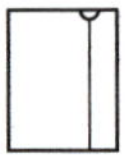  |
| 双卡录放音机 | 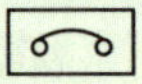  | 感温探测器 | 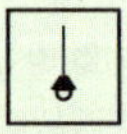  | 指纹读入机 | 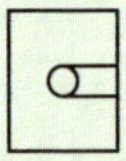  |
| 自动放音机 |  AT | 气体火灾探测器（点式） | 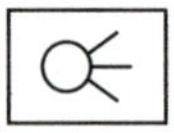  | 非接触式读卡机 | 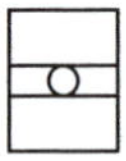  |
| 自动录音机 | 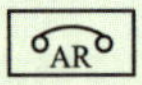 AR | 客房床头控制柜 | 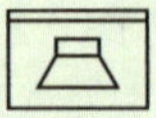  | 报警警铃 |   |
| 激光唱机 | 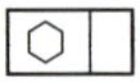  | 火灾事故广播扬声器箱 | 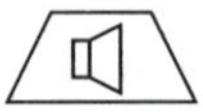  | 报警闪灯 | 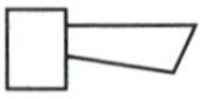  |
| 传声机 |  | 音频变压器 | 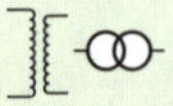  | 指示灯 |  |
| 呼叫站 | 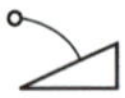  | 音量控制器 |   | 先断后合的转换开关或触点 |  |

续表

| | | | | | | |
|---|---|---|---|---|---|---|
| 动合开关或触点 | | 楼宇对讲电控防盗门主机 | | 保安巡逻打卡器 | | |
| 放大器 | | 带火灾事故广播的分路广播控制盘 | RFS | 动断开关或触点 | | |
| 功率放大器 | | 火灾事故广播切换器 | QT | 二级多位开关 | | |
| 扩音机 | | 火灾事故广播联动控制信号源 | FCS | 变阻器 | | |
| 监听器 | | 蓄电池组 | | 匹配电阻、匹配负载 | | |
| 扬声器 | | 直流配电盘 | | 电阻器、变阻器 | R | |
| 吊顶内扬声器箱 | | 直流稳压电源 | DCGV | 直流继电器 | KD | |
| 扬声器箱、音箱、声柱 | | 广播分线箱 | B | 控制开关、选择开关 | SA | |
| 高音号筒式扬声器 | | 端子箱 | XT | 调幅 | AM | |
| 保安器 | | 端子板 | 1 2 3 4 5 6 7 | 调频 | FM | |
| 出门按钮 | | 继电器线圈 | | 指示灯 | HL | |
| 门磁开关 | | 电平控制器 | | 调谐器、无线电接收机 | | |
| 振动感应器 | | 广播线路 | B | 放音机、唱机 | | |
| 电控门锁 | | 巡更站 | | 继电器线圈 | | |
| 对讲门口主机 | | 保安控制器 | | 紧急脚挑开关 | | |
| 彩色电视接收机 | | 对讲门口主机 | DNZH | 报警喇叭 | | |

续表

| 名称 | 符号 | 名称 | 符号 | 名称 | 符号 |
|---|---|---|---|---|---|
| 可视对讲户外机 |  | 调制器 |  | 显示器 | CRT |
| 电视摄像机 |  | 对讲电话分机 |  | 可视对讲机 |  |
| 彩色电视摄像机 |  | 声光报警器 |  | 可视电话机 |  |
| 带云台的摄像机 |  | 频道放大器 |  | 报警警铃 |  |
| 带单向手动云台的摄像机 |  | 具有反向通路的放大器 |  | 报警闪灯 |  |
| 带双向手动云台的摄像机 |  | 解码器 | R/D | 有室外防护罩的电视摄像机 |  |
| 带单向电动云台的摄像机 |  | 光发送机 |  | 图像分割器 |  |
| 带双向电动云台的摄像机 |  | 光接收机 |  | 有源混合器（示出五路输入） |  |
| 球形摄像机 |  | 分配器（两路） |  | 解码器 | DE |
| 半球形摄像机 |  | 微波天线 |  | 放大器一般符号 |  |
| 磁带录音机 |  | 光缆 |  | 球形摄像机 |  |
| 彩色磁带录音机 |  | 传声器 |  | 监视立柜 | MI |
| 电视，视频 |  | 监听器 |  | 混合网络 |  |
| 彩色电视 |  | 扬声器 |  | 超声波探测器 | U |
| 电视监视器 |  | 防盗探测器 |  | 微波探测器 | M |
| 彩色电视监视器 |  | 防盗报警控制器 |  | 感烟探测器 |  |
| 电视接收机 |  | 计算机 | CPU | 气体火灾探测器（点式） |  |
| 彩色电视接收机 |  | 计算机操作键盘 | KY | 室外分线盒 |  |

续表

| 图形符号 | | 图形符号 | | 图形符号 | | 图形符号 | |
|---|---|---|---|---|---|---|---|
| 光连接器（插头-插座） | ⌀—⌀ | 打印机 | PRT | 可视对讲门口主机 | KVD | | |
| 混合器 | | 通信接口 | CI | 按键式自动电话机 | | | |
| 语音信息点 | TP | 监视墙壁 | MS | 室内对讲机 | DZ | | |
| 有线电视信息点 | TV | 数据信息点 | PC | 室内可视对讲机 | KVDZ | | |
| 防盗探测器 | ● | 电话出线座 | ○TP | 操作键盘 | KY | | |
| 防盗报警控制器 | ⊡ | 电磁门锁 | | 报警通信接口 | ACI | | |
| 电控门锁 | EL | 出门按钮 | □ | 门磁开关 | | | |
| 电磁门锁 | ML | 报警按钮 | Y | 紧急按钮开关 | ○ | | |
| 对射式主动红外线探测器（发射） | | 脚挑报警开关 | | 对讲门口子机 | DMD | | |
| 对射式主动红外线探测器（接收） | | | | | | | |

## 四、电工电子器件符号

电工电子器件符号如表4-7所示。

表4-7　电工电子器件符号

| 图形符号 | 说明及应用 | 图形符号 | 说明及应用 |
|---|---|---|---|
| | 电铃 | ▷⊢ | 半导体二极管的一般符号 |
| | 具有热元件的气体放电管荧光灯启动器 | θ▷⊢ | 热敏二极管 |
| ─□─ | 电阻器的一般符号 | | 光敏二极管 |

续表

| 图形符号 | 说明及应用 | 图形符号 | 说明及应用 |
|---|---|---|---|
|   | 可变（调）电阻器 |   | 发光二极管 |
| 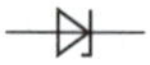  | 稳压二极管 |   | 双向晶闸管 |
|   | 双向击穿二极管 |   | N沟道结型场效应晶体管 |
|   | 双向二极管 |   | P沟道结型场效应晶体管 |
| 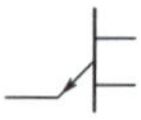  | 具有P型基极的单结晶体管 |   | N沟道耗尽型绝缘栅场效应晶体管 |
|   | 具有N型基极的单结晶体管 | 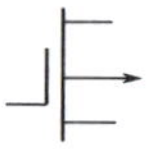  | P沟道耗尽型绝缘栅场效应晶体管 |
|  | NPN型晶体管 |   | N沟道增强型绝缘栅场效应晶体管 |
|  | PNP型晶体管 |   | P沟道增强型绝缘栅场效应晶体管 |
|   | 反向晶体管 |   | 桥式整流器 |
|   | 可变电容 | 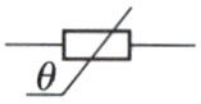  | 热敏电阻器 |
| 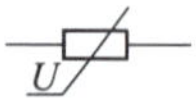  | 压敏电阻器 |   | 光敏电阻器 |
|  | 灯和信号灯的一般符号 |   | 电容器的一般符号 |
| 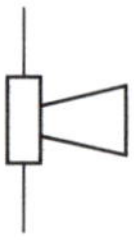  | 扬声器 |   | 极性电容器 |

## 第二节　电工电路识图

### 一、电气控制电路图的规则

（1）电气控制电路图一般分为主电路和辅助电路两部分

① 主电路是电气控制电路中通过大电流的部分，包括从电源到电动机之间

相连的电气元件，一般由组合开关、熔断器、接触器主触点、热继电器的热元件和电动机等组成。

② 辅助电路是控制电路中除主电路以外的电路，其流过的电流比较小。辅助电路包括控制电路、信号电路、保护电路和照明电路，由继电器和接触器的线圈、继电器的触点、接触器的辅助触点、热继电器的触点、按钮、照明灯、信号灯、控制变压器等电气元件组成。

（2）电路图中应将电源电路、主电路、控制电路和信号电路分开绘制　电路图中电路一般垂直绘制，电源电路绘成水平线，相序 $L_1$、$L_2$、$L_3$ 由上而下排列，中性线 N 和保护线 PE 放在相线之下。

主电路用垂直线绘制在图的左侧，辅助电路绘制在图的右侧，辅助电路中的耗能元件画在电路的最下端。绘制应布置合理、排列均匀。

电气控制电路中的全部电动机、电器和其他器械的带电部件，都应在电气控制电路图中标出。

电气元件应按功能布置，并尽可能按工作顺序排列，其布局顺序应该是从上到下，从左到右。垂直布置时，类似项目应横向对齐；水平布置时，类似项目应纵向对齐。

（3）绘制电路图中，应尽量减少线条和避免交叉　电气控制电路图中，应尽量减少线条和避免交叉，各导线之间有电联系时，在导线十字交叉处画实心黑圆点。根据图面布置的需要，可以将图形符号旋转绘制，一般顺时针方向旋转90°，但文字符号不可倒置。

（4）图幅分区及符号位置的索引　为了便于确定图上的内容，也为了在识图时查找各项目的位置，往往需要将图幅分区。图幅分区的方法是：在图的边框处，竖的方向按行用大写拉丁字母，横的方向按列用阿拉伯数字，编号顺序从左上角开始。

在机床电气控制电路图中，由于控制电路内的支路多，且支路元件布置与功能也不相同，图幅分区可采用图4-1的形式，只对一个方向分区。这种方式不影响分区检索，又可反映支路的用途，有利于识图。

图纸下方的1、2、3…数字是图区的编号，它是为了检索电气控制电路，方便阅读分析从而避免遗漏而设置的。图区编号也可设置在图的上方。

图区编号上方的"电源总开关及保护……"文字，表明它对应的下方元器件或电路的功能，使读者能清楚地知道某个元器件或某个电路的功能，以利于

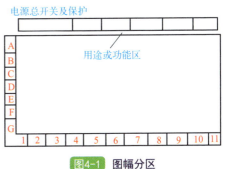

图4-1　图幅分区

理解全部电路的工作原理。

电气控制电路图中的接触器、继电器和线圈与受其控制的触点的从属关系（即触点位置）应按下述方法标出。

在每个接触器线圈的文字符号下面画两条竖直线，分成左、中、右3栏，把受其控制而动作的触点所处的图区号数字，按表4-8规定的内容填上。对备而未用的触点，在相应的栏中用记号"×"标出。

在每个继电器线圈的文字符号（如KT）下面画一条竖直线，分成左、右两栏，把受其控制而动作的触点所处的图区号数字，按表4-9规定的内容填上，同样，对备而未用的触点在相应的栏中用记号"×"标出。

表4-8 接触器线圈符号下的数字标志

| 左栏 | 中栏 | 右栏 |
| --- | --- | --- |
| 主触点所处的图区号 | 辅助动合（常开）触点所处的图区号 | 辅助动断（常闭）触点所处的图区号 |

表4-9 继电器线圈符号下的数字标志

| 左栏 | 右栏 |
| --- | --- |
| 动合（常开）触点所处的图区号 | 动断（常闭）触点所处的图区号 |

## 二、电路连接线的表示方法

电气图上各种图形符号之间的相互连线，统称为连接线。连接线可能是表示传输能量流、信息流的导线，也可能是表示逻辑流、功能流的某种特定的图线。

### 1. 连接线的一般表示方法

① 导线的一般表示符号如图4-2（a）所示，它可用于表示单根导线、导线组、母线、总线等，并根据情况通过图线粗细、加图形符号及文字、数字来区分各种不同的导线，如图4-2（b）所示的母线及图4-2（c）所示的电缆等。

② 导线根数的表示法。如图4-2（d）所示，若根数较少时，用斜线（45°）数量代表线根数；根数较多时，用一根小短斜线旁加注数字$n$表示，图中$n$为正整数。

③ 导线特征的标注方法。如图4-2（e）所示，导线特征通常采用字母、数字符号标注。

### 2. 导线连接点的表示

"T"形连接点可加实心黑圆点"·"，也可不加实心黑圆点，如图4-3（a）所示。对"+"形连接点，则必须加实心黑圆点，如图4-3（b）所示。

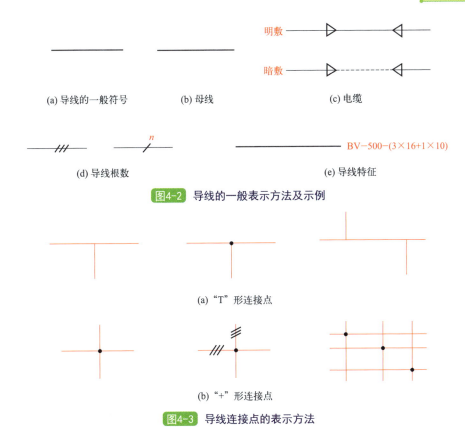

图4-2 导线的一般表示方法及示例

图4-3 导线连接点的表示方法

### 3. 连接线的连续表示法

连接线的连续表示法是将表示导线的连接线用同一根图线首尾连通的方法。连接线既可用多线也可用单线表示。当图线太多时,为使图面清晰、易画易读,对于多条去向相同的连接线常用单线法表示。

若多条线的连接顺序不必明确表示,可采用图4-4(a)的单线表示法,但单线的两端仍用多线表示;导线组的两端位置不同时,应标注相对应的文字符号,如图4-4(b)所示。

当导线中途汇入、汇出用单线表示的一组平行连接线时,汇接处用斜线表示导线去向,其方向应易于识别线进入或离开汇总线的方向,如图4-4(c)所示;当需要表示导线的根数时,可如图4-4(d)所示来表示。

### 4. 连接线的中断表示法

中断表示法是将去向相同的连接线导线组,在中间中断,在中断处的两端标以相应的文字符号或数字编号,如图4-5(a)所示。

两设备或电气元件之间连接线的中断,如图4-5(b)所示,用文字符号及数字编号表示中断。

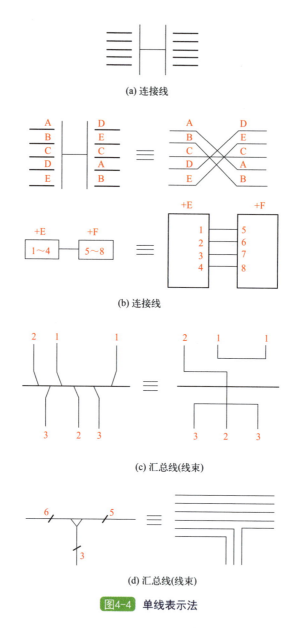

图4-4 单线表示法

连接线穿越图线较多区域时，将连接线中断，在中断处加相应的标记，如图4-5（c）所示。

(a) 导线组

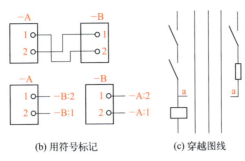

(b) 用符号标记　　　(c) 穿越图线

图4-5　连接线的中断表示法

**5. 电气设备特定接线端子和特定导线端的识别**

与特定导线直接或通过中间设备相连的电气设备接线端子应按表4-3和表4-4的字母进行标记。

## 三、识读电气图的方法和步骤

### 1. 识图的方法

① 从简单到复杂，循序渐进地识图。复杂的电路都是简单电路的组合，从识读简单的电路图开始，弄清每一电气符号的含义，明确每一电气元件的作用，理解电路的工作原理，为识读复杂电气图打下基础。

② 掌握电工学、电子技术的基础知识。如三相笼型感应电动机的正转和反转控制，就是利用电动机的旋转方向是由三相电源的相序来决定的原理，用倒顺开关或两个接触器进行切换，改变输入电动机的电源相序，来改变电动机的旋转方向的。而Y-△启动则是应用电源电压的变动引起电动机启动电流及转矩变化的原理。

③ 熟记会用电气图形符号和文字符号。

④ 熟悉各类电气图的典型电路。如电力拖动中的启动、制动、正/反转控制电路，联锁电路，行程限位控制电路，以及本书各章节所介绍的典型电路。不管多么复杂的电路，总是由典型电路派生而来的，或者是由若干典型电路组合而成的。

⑤ 掌握各类电气图的绘制特点。如电气图的布局、图形符号及文字符号的含义、图线的粗细、主副电路的位置、电气触点的画法、电气图与其他专业技术图的关系等，并利用这些规律，就能提高识图效率，进而自己也能设计制图。

⑥ 把电气图与土建图、管路图等对应起来识图。

⑦ 了解电气图的有关标准和规程。

### 2. 识图的一般步骤

① 详识图纸说明。如图纸目录、技术说明、电气元件明细表、施工说明书等，结合已有的电工、电子技术知识，对该电气图的类型、性质、作用有一个明

确的认识，从整体上理解图纸的概况和所要表述的重点。

② 识读概略图和框图。概略图和框图多采用单线图，只有某些380V/220V低压配电系统概略图才部分地采用多线图表示。

③ 识读电路图。分清主电路和辅助电路、交流回路和直流回路；按照先识读主电路，再识读辅助电路的顺序进行识图。

### 四、电路识图实例

电路图中用来表示各回路种类、特征的文字和数字统称回路标号，也称回路线号，其用途为便于接线和查线。

（1）回路标号的一般原则

① 回路标号按照"等电位"原则进行标注，即电路中连接在同一点上的所有导线具有同一电位而应标注相同的回路标号。

② 由电气设备的线圈、绕组、电阻、电容、各类开关、触点等电气元件分隔开的线段，应视为不同的线段，标注不同的回路标号。

③ 在一般情况下，回路标号由3位或3位以下的数字组成。

（2）直流回路标号　在直流一次回路中，用个位数字的奇、偶数来区别回路的极性，用十位数字的顺序来区分回路中的不同线段，如正极回路用11、21、31…顺序标号。用百位数字来区分不同供电电源的回路，如电源A的正、负极回路分别标注101、111、121、131…；电源B的正、负极回路分别标注201、211、221、231…和202、212、222、232…。

在直流二次回路中，正极回路的线段按奇数顺序标号，如1、3、5…；负极回路用偶数顺序标号，如2、4、6…。

（3）交流回路标号　在交流一次回路中，用个位数字的顺序来区别回路的相别，用十位数字的顺序来区分回路中的线段。第一相按11、21、31…顺序标号，第二相按12、22、32…顺序标号，第三相按13、23、33…顺序标号。对于不同供电电源的回路，也可用百位数字来区分不同供电电源的回路。

交流二次回路的标号原则与直流二次回路的标号原则相似。回路的主要降压元件两侧的不同线段分别按奇数、偶数的顺序标号，如一侧按1、3、5…标号，另一侧按2、4、6…标号。

当要表明电路中的相别或某些主要特征时，可在数字标号的前面或后面增注文字符号，文字符号用大写字母表示，并与数字标号并列。在机床电气控制电路图中，回路标号实际上是导线的线号。

（4）电力拖动、自动控制电路的标号

① 主（一次）回路的标号　主回路的标号由文字标号和数字标号两部分组

成。文字标号用来表示主回路中电气元件和线路的种类和特征,如三相交流电动机绕组用U、V、W表示;三相交流电源端用$L_1$、$L_2$、$L_3$表示;直流电路电源正、负极导线和中间线分别用$L_+$、$L_-$、$L_M$标记;保护接地线用PE标记。数字标号由3位数字构成,用来区分同一文字标号回路中的不同线段,并遵循回路标号的一般原则。

主回路的标号方法如图4-6所示,三相交流电源端用$L_1$、$L_2$、$L_3$表示,"1""2""3"分别表示三相电源的相别;由于电源开关$QS_1$两端属于不同线段,因此,经电源开关$QS_1$后,标号为$L_{11}$、$L_{12}$、$L_{13}$。

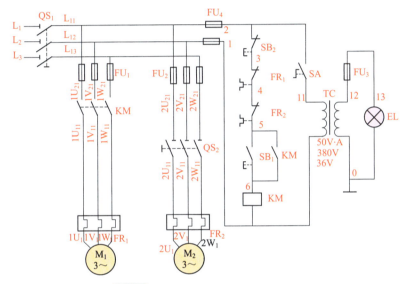

图4-6　机床控制电路图中的线号标记

带9个接线端子的三相用电器(如电动机),首端分别用$U_1$、$V_1$、$W_1$标记;尾端分别用$U_2$、$V_2$、$W_2$标记;中间抽头分别用$U_3$、$V_3$、$W_3$标记。

对于同类型的三相用电器,在其首端、尾端标记字母U、V、W前冠以数字来区别,即用$1U_1$、$1V_1$、$1W_1$与$2U_1$、$2V_1$、$2W_1$来标记两个同类型的三相用电器的首端,用$1U_2$、$1V_2$、$1W_2$与$2U_2$、$2V_2$、$2W_2$来标记两个同类型的三相用电器的尾端。

电动机动力电路的标号应从电动机绕组开始,自下而上标号。以电动机$M_1$的回路为例,电动机定子绕组的标号为$1U_1$、$1V_1$、$1W_1$,热继电器$FR_1$的上接线端为另一组导线,标号为$1U_{11}$、$1V_{11}$、$1W_{11}$;经接触器KM主触点的静触点,标号变为$1U_{21}$、$1V_{21}$、$1W_{21}$;再与熔断器$FU_1$和电源开关的动触点相接,并分别与$L_{11}$、$L_{12}$、$L_{13}$同电位,因此不再标号。电动机$M_2$的主回路的标号可依次类推。由于电动机$M_1$、$M_2$的主回路共用一个电源,因此省去了其中的百位数字。若主电路为直流回路，则按数字的个位数的奇偶性来区分回路的极性，正电源则用奇数，负电源则用偶数。

② 辅助（二次）回路的标号　以压降元件为分界，其两侧的不同线段分别按其个位数的奇偶数来依次标号，压降元件包括继电器线圈、接触器线圈、电阻、照明灯和电铃等。有时回路较多，标号可连续递增两位奇偶数，如："11、13、15…""12、14、16…"等。

在垂直绘制的回路中，标号采用自上至中、自下至中的方式标号，这里的"中"指压降元件所在位置，标号一般标在连接线的右侧。在水平绘制的回路中，标号采用自左至中、自右至中的方式标号，这里的"中"同样指压降元件所在位置，标号一般标在连接线的上方。如图4-6所示的垂直绘制的辅助电路中，KM为压降元件，因此，它们上、下两侧的标号分别为奇、偶数。

# 第五章 常用低压电器与应用

## 一、熔断器

### 1. RT18或RT28系列帽形熔断器的结构组成

RT18或RT28系列帽形熔断器适用于额定电压为交流220V/380V，额定电流1～63A的配电装置中作为过载和短路保护之用。氖灯和电阻组成了隔离器的熔断体熔断信号装置（代号"X"）。其外形和结构组成如图5-1所示。

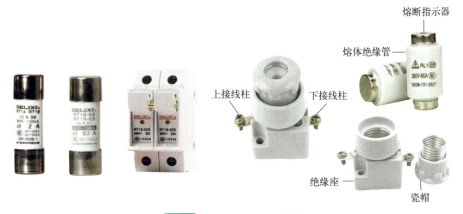

图5-1 熔断器的外形和结构

### 2. RT28/63X熔断器的安装（如图5-2所示）

图5-2

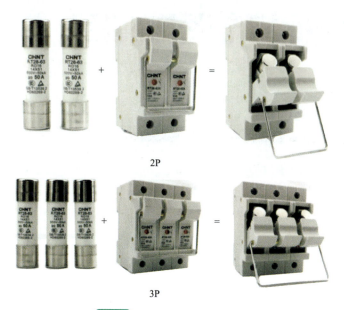

图5-2 RT28/63X熔断器的安装

### 3. 跌落式熔断器

跌落式熔断器是10kV配电线路最常用的一种短路保护开关，它具有经济、操作方便、适应户外环境性强等特点，被广泛应用于10kV配电线路和配电变压器一次侧。它安装在10kV配电线路分支线上，可缩小停电范围，因其有一个明显的断开点，具备了隔离开关的功能，给检修段线路和设备创造了一个安全的作业环境，增加了检修人员的安全感。安装在配电变压器上，可以作为配电变压器的主保护，所以，在10kV配电线路和配电变压器中得到了普及。其外形结构如图5-3所示。

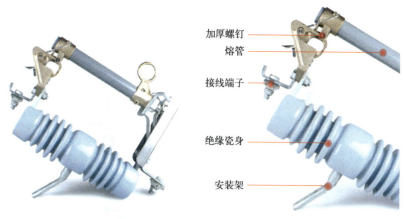

图5-3 跌落式熔断器的外形与结构

跌落式熔断器工作原理：熔丝管两端的动触点依靠熔丝（熔体）系紧，将上动触点推入"鸭嘴"凸出部分后，磷铜片等制成的上静触点顶着上动触点，故而熔丝管牢固地卡在"鸭嘴"里。当短路电流通过，熔丝熔断时，产生电弧，熔丝管内衬的钢纸管在电弧作用下产生大量气体，因熔丝管上端被封死，气体向下端喷出，吹灭电弧。由于熔丝熔断，熔丝管的上下动触点失去熔丝的系紧力，在熔丝管自身重力和上、下静触点弹簧片的作用下，熔丝管迅速跌落，使电路断开，切除故障段线路或者故障设备。

跌落式熔断器在线路上的安装如图5-4所示。

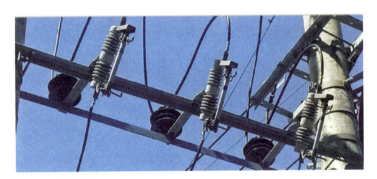

图5-4 跌落式熔断器在10kV配电线路分支线上的安装

安装跌落式熔断器，应符合以下要求：

① 安装前，应通过检查确认熔丝管与绝缘支架头间的配合尺寸符合使用说明书的要求，以保证合闸状态下具有足够的接触压力，此外，还应确认熔体已拉紧，以防止触点过热。

② 不得垂直或水平安装，而应使熔丝管轴线与铅垂线成30°倾角，以保证熔体熔断时熔丝管能靠自重自行跌落，同时不得装于变压器和其他设备的上方，以防熔管掉落发生其他事故。

③ 保持足够的安全距离。当电压为6～10kV时，装于室外的熔断器相间距离不应小于70mm；装于室内的熔断器，相间距离不应小于60mm。熔断器的对地距离，室外一般为5m，室内为3m。

④ 在一般情况下不得带负荷操作，分断操作时，首先应拉断中相，然后拉下风侧边相，最后拉剩下的一相，合闸时顺序相反，要求操作时不可用力过猛，以免损坏熔断器，操作人应戴绝缘手套和护目镜，以保证安全。

### 4. 熔断器实际使用中的选择原则

对熔断器的选用主要包括类型选择和熔体额定电流的确定。

（1）选择熔断器的基本要求：在电气设备正常运行时，熔断器不应熔断；在出现短路时，应立即熔断；在电流发生正常变动（例如电动机启动过程）时，熔断器不应熔断；在用电设备持续过载时，应延时熔断。

（2）在选择熔断器时，熔断器的额定电压要大于或等于电路的额定电压。

（3）在选择熔断器时，熔断器的额定电流要依据负载情况而选择。

① 在电阻性负载或照明电路中，由于这类负载启动过程很短，运行电流较平稳，在选择熔断器时，一般按负载额定电流的 1～1.1 倍选用熔体的额定电流。

② 对于电动机等感性负载在选择熔断器时，由于这类负载的启动电流为额定电流的 4～7 倍，一般选择熔体的额定电流为电动机额定电流的 1.5～2.5 倍。一般来说，这种熔断器难以起到过载保护作用，而只能用作短路保护，需要注意的是，我们在实际应用中过载保护一般使用热继电器。

（4）在选择熔断器的类型时，主要依据是负载的保护特性和短路电流的大小。

比如：用于保护照明和电动机的熔断器，一般是考虑它们的过载保护，这时，希望熔断器的熔化系数适当小些。所以容量较小的照明线路和电动机宜采用熔体为铅锌合金的熔断器，而大容量的照明线路和电动机，除过载保护外，还应考虑短路时分断短路电流的能力。若短路电流较小时，可采用熔体为锡质的熔断器。用于企业车间低压供电线路熔断器的选择依据是短路时的分断能力。当短路电流较大时，宜采用具有高分断能力的 RL 系列熔断器。当短路电流相当大时，宜采用有限流作用的 RT0 系列熔断器。

（5）目前电路安装设计中有些设计人员采用断路器做过载或短路保护，但在实际应用中用断路器加熔断器双重保护效果最好。

## 二、按钮开关

### 1. 控制按钮的结构与分类

控制按钮的结构如图 5-5 所示。由按钮帽、复位弹簧、桥式触点和外壳组成。

按钮按作用和触点的结构不同分为停止按钮（常闭按钮）、启动按钮（常开按钮）和复合按钮（常开和常闭组合按钮），由于复合按钮包括常闭触点和常开触点，所以目前复合按钮应用最广泛，如图 5-6 所示。

### 2. 自锁式控制按钮的接线

自锁式控制按钮：按一下按钮控制按钮锁住，接通（常开触点）或断开（常闭触点）控制电路，再按一下按钮控制按钮才能弹回断开（常开触点）或接通（常闭触点）控制电路。

电路工作过程如下：对于控制按钮两常开触点（两常闭触点工作过程相反），按一下按钮电源通过按钮常开触点连接接触器线圈；接触器线圈得电，交流接触器常开触点吸合，负载得电；再按一下按钮控制按钮常开触点断开，交流接触器

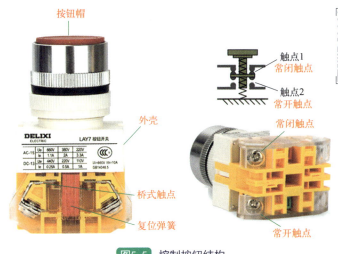

图5-5 控制按钮结构

图5-6 停止按钮、启动按钮和复合按钮

线圈断电，接触器常开触点断开，负载断电停止工作。对于控制按钮两常开或两常闭和一常开一常闭触点接线如图5-7所示。

当按下按钮时，交流接触器线圈得电动作，常开触点闭合；按钮松开后，继电器线圈仍然通过闭合的常开触点接通交流接触器线圈。只有再次按动控制按钮，交流接触器线圈断电，接触器常开触点断开，负载断电停止工作。

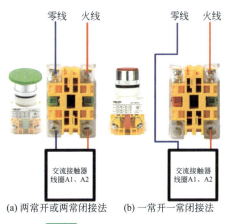

图5-7 自锁式控制按钮接线

## 三、交流接触器

### 1. 常用交流接触器的工作原理

交流接触器是利用电磁吸力而工作的自动电器，一般由电磁铁和触点两部分组成，接触器的动触点固定在衔铁上，静触点则固定在壳体上。当吸引线圈未通电时，接触器所处的状态为常态，常态时互相分开的触点称为常开触点（又称动合触点），而互相闭合的触点则称为常闭触点（又称动断触点）。如图5-8所示。

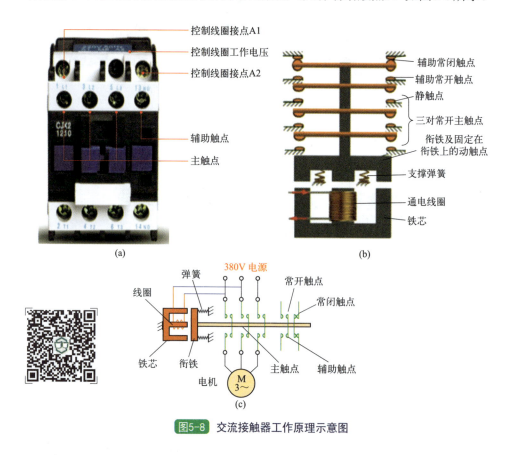

**图5-8** 交流接触器工作原理示意图

当吸引线圈加上额定电压时，产生电磁吸力，将衔铁吸合，同时带动动触点与静触点接通。

当吸引线圈断电或电压降低较多时，由于弹簧的作用，衔铁释放，触点断开，即恢复原来的常态位置。因此，只要控制吸引线圈通电或断电就可以使它的触点接通或断开，从而使电路接通或断开。

接触器的触点分主触点和辅助触点两种。主触点的接触面大，并有灭弧装置，所以能通过较大的电流，可以接在主电路中控制电动机的启停。20A以上的交流接触器，通常都装有灭弧罩，用以迅速熄灭主触点分断时所产生的电弧，保护主触点不被烧坏。

辅助触点的额定电流较小，用来接通和分断小电流的控制电路，如控制接触器的吸引线圈电路等。辅助触点只可以接在控制电路中，即弱电流通过的电路。

### 2. 常用交流接触器的外形与结构

常用交流接触器由以下四部分组成（常用交流接触器结构图分别如图5-9～图5-12所示）。

（1）电磁机构　电磁机构由线圈、动铁芯（衔铁）和静铁芯组成，其作用是

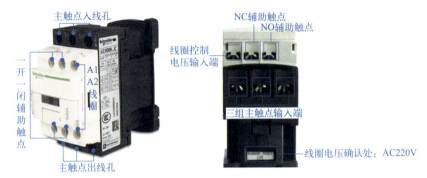

图5-9　施耐德LC1系列交流接触器的结构

图5-10　正泰CJT1系列交流接触器的结构

图5-11　正泰CJX2系列交流接触器的结构

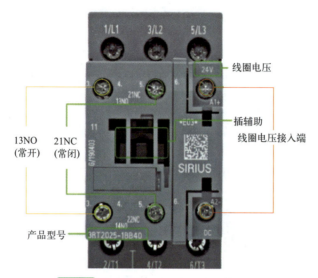

图5-12 西门子3RT系列交流接触器的结构

将电磁能转换成机械能,产生电磁吸力带动触点动作。

(2) 触点系统　包括主触点和辅助触点。主触点用于通断主电路,通常为三对常开触点。辅助触点用于控制电路,起电气联锁作用,故又称联锁触点,一般常开、常闭各两对或一对。

(3) 灭弧装置　容量在10A以上的接触器都有灭弧装置,对于小容量的接触器,常采用双断口触点灭弧、电动力灭弧、相间弧板隔弧及陶土灭弧罩灭弧。对于大容量的接触器,采用纵缝灭弧罩及栅片灭弧。

(4) 其他部件　包括反作用弹簧、缓冲弹簧、触点压力弹簧、传动机构及外壳等。

### 3. 电工常用接触器选用原则

接触器作为通断负载电源的设备,接触器的选用应满足被控制设备的最低参数标准要求进行。

最低参数标准是额定工作电压与被控设备的额定工作电压相同,其次是被控设备的负载功率、使用类别、控制方式、操作频率、安装方式及尺寸,最后是选择的接触器经济性。

① 交流接触器的电压等级要和负载相同,选用的接触器类型要和负载相适应。

② 负载计算电流应小于等于接触器的额定工作电流。接触器的接通电流大于负载的启动电流,分断电流大于负载运行时分断需要电流。

③ 接触器吸引线圈的额定电压、电流及辅助触点的数量、电流容量应满足控制回路接线要求。一般接触器要能够在85%～110%的额定电压值下工作。如图5-13所示。

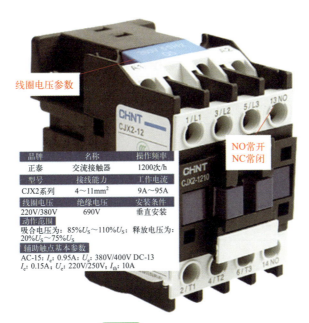

图5-13　线圈电压参数

④ 如果操作频率超过规定值，额定电流应该加大一倍。

⑤ 在电路中短路保护元件断路器或熔断器参数应该和接触器参数配合选用，比如，接触器的约定发热电流应小于空气断路器的过载电流，接触器的接通、断开电流应小于断路器的短路保护电流，这样断路器或熔断器才能保护接触器。

⑥ 接触器和其他元器件的安装距离要符合相关国标、规范，同时要考虑维修和走线距离。

### 4. 交流接触器电压接线

（1）交流接触器220V线圈工作电压接线　交流接触器一般分为380V、220V、110V、36V等几种。这个电压指的并不是交流接触器的主触点只能接220V或者380V及36V，这个电压是说的线圈电压。

交流接触器线圈的两个接线柱就是A1和A2，当接触器的线圈通入规定的电压，线圈得电后动铁带动触点就会动作，常开触点闭合，常闭触点断开，从而对主电路进行控制。

主电路的主触点就是常开触点，在交流接触器上接线端就是L1、L2和L3，在下接线端就是T1、T2和T3。

图5-14是220V交流接触器控制单相负载接线，其中220V电源经过控制元件或是开关接到线圈A1、A2端，控制交流接触器常开触点闭合，常闭触点断开，从而对主电路和负载进行控制。同时220V电源和负载在三个主触点中可以随便选择相对应的两个主触点进行接线即可。

（2）CJX2交流接触器线圈电压380V接线方法　交流接触器线圈电压380V接线方法主要是交流接触器1/L1、3/L2、5/L3接断路器电源侧，接三相电源。2/T1、4/T2、6/T3是负载侧，接负载。线圈A1、A2任选三相电源中两相经过控制元件或开关接到A1、A2端。如图5-15所示。

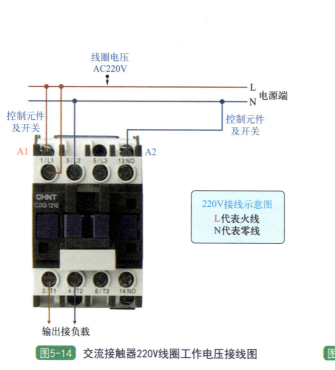

图5-14　交流接触器220V线圈工作电压接线图

图5-15　使用CJX2交流接触器线圈电压380V接线

## 四、热继电器

### 1.电工常用热继电器

常用热继电器的外形如图5-16所示。热继电器各部分结构（以正泰NR2-25为例）如图5-17所示。它由常开触点、常闭触点、热元件、触点、动作机构、复位按钮和电流设定装置等五部分组成。

### 2.热继电器的选用

① 热继电器的热元件串接在主回路（也称一次回路）中，常闭触点接在控制回路（也称二次回路）中。

② 当热继电器用于保护长期工作制或间断长期工作制的电动机时，一般按电动

图5-16　热继电器外形

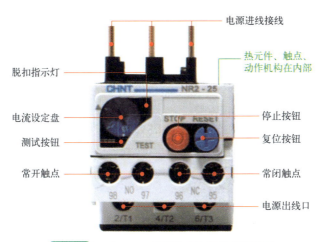

图5-17　正泰NR2-25热继电器各部分结构说明

机的额定电流来选用。例如，热继电器的整定值可等于0.95～1.05倍的电动机的额定电流，或者取热继电器整定电流的中值等于电动机的额定电流，然后进行调整。

③ 热继电器的安装方向应按产品说明书的规定进行，从而确保热继电器在使用时的动作性能相一致。

④ 热继电器靠左边的为主回路接线端子（3路，共6点），靠右边的是输出的辅助触点接线端。

热继电器使用中把热元件串联在电路的主回路中（例如电机启动器中电机的供电回路中）。如图5-17中靠左边，上下两排各有3个接线端子，每个热元件分别接在一上一下两个端子间，共有3个热元件，分别串联在电机的3条电源输入线上。

辅助触点如图5-17所示，通常是一常开（NO）、一常闭（NC）触点，用于电机的控制回路中。

当电机过载时，输入电机的电流会超过电机的额定电流，热继电器中的热元件会因流经的电流过大而发热，引起弯曲，通过内部的机械结构带动输出触点发生切换，达到输出"过载"信号的目的。

热继电器的辅助触点的"NC"触点组可串联在控制电路的供电线路中,在工作中如果电机过载,辅助触点的"NC"触点就会切断控制回路的电源,使电机停止运转。

辅助触点的"NO"触点组可接报警设备,如果电机因过载而停止运转时,给出电机停止的原因——"过载"信号指示。

### 3. 热继电器、交流接触器和按钮开关电路接线

热继电器、交流接触器和按钮开关组合的简单接线如图5-18所示。

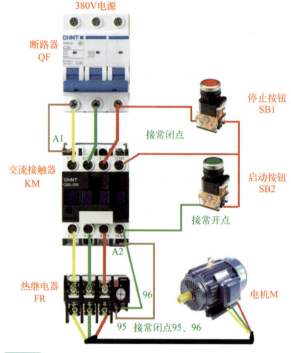

图5-18 交流接触器、热继电器和按钮开关组合的简单接线

## 五、中间继电器

### 1. 中间继电器的外形与结构

常用中间继电器外形如图5-19所示。中间继电器的各部分结构如图5-20所示。

### 2. 中间继电器接线

① 中间继电器接线方法:首先中间继电器有线圈,线圈得电后,动铁芯在磁力作用下吸合,中间继电器常开触点闭合,常闭触点断开,这和交流接触器原理相同。

② 中间继电器触点中常开触点和常闭触点不分主触点和辅助触点。

正泰中间继电器　　　　　　正泰8脚小型中间继电器

施耐德8脚中间继电器　　　　欧姆龙中间继电器

图5-19　常用中间继电器的外形

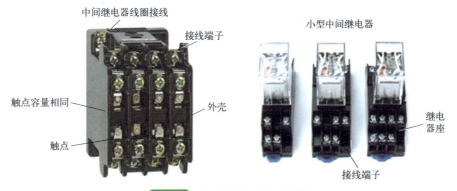

图5-20　常见的交流中间继电器

③ 因为中间继电器的触点导通电流量较小，故此多用于控制电路中。

④ 中间继电器的接线端子主要分为一组电源线圈接线端子和几组常开、常闭触点接线端子。我们在使用中可以看到继电器塑料壳上都会标有端子功能示意符号，这样就可以根据继电器具体标示的指示接线。

⑤ 一般的中间继电器上，电源触点接线端子多为13、14两个接线端子。如果是直流线圈的话，大部分都是14为正极，13为负极。有些直流继电器带有小指示灯，正负极接错指示灯不会亮，但继电器可以正常工作。如果是交流线圈的继电器，在使用中不用区分正负极。

以正泰JZX-22F/2Z为例，JZX-22F/2Z接线图如图5-21所示。其中13、14是继电器线圈引脚，4、12是其中一组常闭触点，8、12是其常开触点，1、9是其中一组常闭触点，5、9是其常开触点。

JZX-22F/2Z实物接线图如图5-22所示。

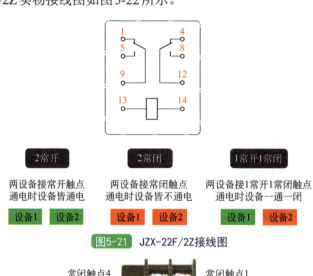

图5-21　JZX-22F/2Z接线图

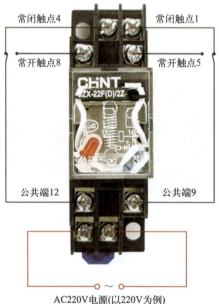

图5-22　JZX-22F/2Z实物接线图

## 六、时间继电器

### 1. 常用时间继电器外形（如图5-23所示）

JS7系列空气阻尼时间继电器

ST3P时间继电器

时间继电器JSS48A-S

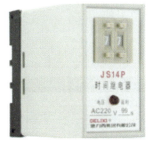

JS14P时间继电器

图5-23　常用时间继电器外形

### 2. 常用时间继电器组成结构（如图5-24所示）

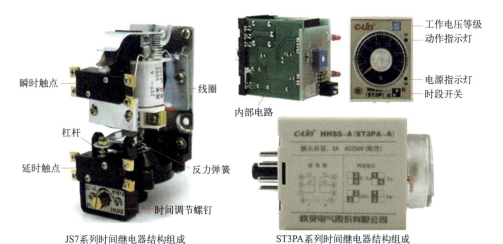

JS7系列时间继电器结构组成　　ST3PA系列时间继电器结构组成

图5-24　常用时间继电器组成结构

### 3. 时间继电器实际应用选择

① 要根据延时范围和精度要求选择继电器类型。

② 要根据使用工作环境、使用场所、安装位置选择时间继电器的类型。例如电源频率不稳定场合不宜选用电动式时间继电器，环境温度恶劣或温差变化大的场合不宜选用空气阻尼式和电子式时间继电器。对于电源电压波动大的场合我们可以选空气阻尼式或电动式时间继电器。

③ 电工日常组装和维修直接根据控制电路对延时方式的要求，选择通电延时型时间继电器或断电延时型时间继电器。如图5-25所示。

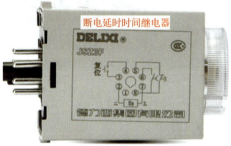

| JSZ3A系列详细选型说明 ||||
|---|---|---|---|
| 型号 | 延时段 | 延时范围 | 控制电源电压 |
| JSZ3A | -A | 0.5s/5s/30s/3min | AC50/60Hz;<br>AC12V,24V,36V,<br>110V,127V,<br>220V,380V;<br>DC12V,24V,48V<br>(其他电压可定制) |
| | -B | 1s/10s/60s/6min | |
| | -C | 5s/50s/5min/30min | |
| 通电后延时动作 | -D | 10s/100s/10min/60min | |
| | -E | 60s/10min/60min/6h | |
| | -F | 2min/20min/2h/12h | |
| | -G | 4min/40min/4h/24h | |

| JSZ3F系列详细选型说明 ||
|---|---|
| 延时范围 | 0.1～1s  0.2～2s  0.5～5s  0.6～6s  1～10s<br>2～20s  3～30s  6～60s  10～100s  18～180s<br>0.4～40min  0.5～5min  0.6～6min  1～10min<br>2～20min  3～30min |
| 控制电源电压 | 断电后延时动作　AC12V, 24V,36V,110V,127V,<br>220V,380V;<br>DC12V,24V,48V(其他电压可定制) |

图5-25　通电延时型时间继电器或断电延时型时间继电器选择

④ 根据控制线路电压选择时间继电器吸引线圈的电压。

### 4. 区分通电延时和断电延时时间继电器图形符号（图5-26）

断电延时时间继电器的触点，在继电器通电后触点动作，继电器断电后，到达设定的延时时间时触点复原。

通电延时时间继电器的触点，在继电器通电后，到达设定的延时时间时触点动作，继电器断电后触点复原。

如何记忆其图形符号？我们先看通电延时时间继电器的触点：通电延时时间继电器的触点看圆弧，圆弧向圆心方向移动，带动触点延时动作。如图5-26所示。

再看断电延时时间继电器的触点：断电延时时间继电器的触点也是看圆弧，通电后触点动作。断电后，圆弧向圆心方向移动，带动触点延时复位。如图5-27所示。

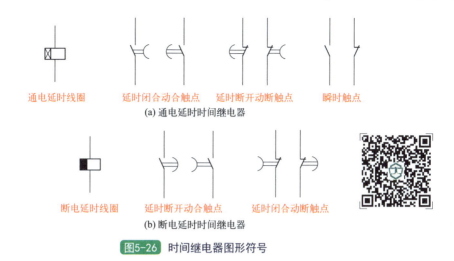

图5-26 时间继电器图形符号

### 5. 时间继电器的接线

时间继电器接线图如图5-27所示。

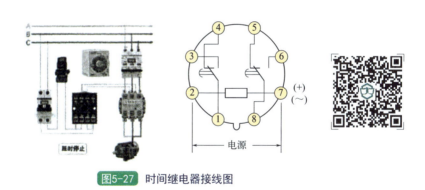

图5-27 时间继电器接线图

如图所示,触点2和7是时间继电器的线圈接电源,常见的线圈电压有24V、220V、380V等,1-3-4和5-6-8为两组继电器输出,1和8是公共点,1-3和6-8是常开触点,延时后触点动作-闭合,所以又叫动合触点。1-4和5-8是常闭触点,延时后触点动作-断开,所以又叫动断触点。

旋钮开关SA闭合,时间继电器线圈得电开始延时,假设设定时间为10s,10s以后1-3和6-8闭合,交流接触器线圈得电吸合,三相电动机开始运行。

## 七、断路器

常用断路器的外形如图5-28所示。以施耐德1PC20断路器为例,常用断路器的外部结构和各部分作用如图5-29所示。

  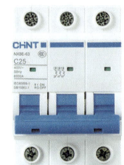 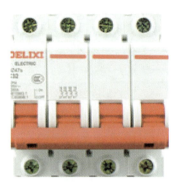

正泰DZ158 1P　　施耐德A9 2P　　正泰NXBE-63 3P　　德力西DZ47 4P

正泰塑壳断路器NXM-125　　施耐德断路器CVS100N　　西门子4P125A

图5-28　常用断路器的外形

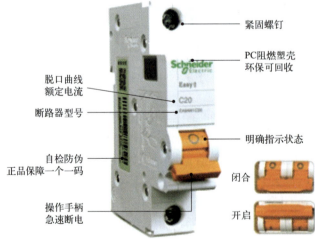

图5-29　常用断路器外部结构和各部分作用

## 1.低压断路器1P、2P、3P、4P分类

断路器1P、2P、3P、4P：1P也叫单极，接线头只有一个，仅能断开一根火线，这种单极开关适用于控制一相火线；2P也叫双极或两极，接头线有两个，一个

接火线，一个接零线，这种开关适用于控制一相线一零线；3P也叫三极，接线头有三个，三个都接火线，这种开关适用于控制三相380V电压线路；4P也叫四极，接线头有四个，其中三个接火线，一个接零线，这种开关适用于控制三相四线制线路。如图5-30所示。

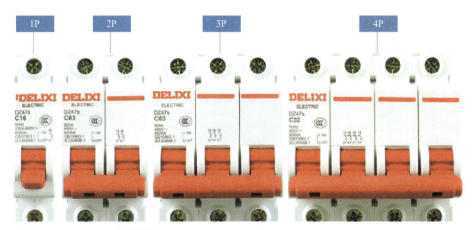

图5-30　德力西DZ47断路器1P、2P、3P、4P实物图

对于断路器命名，通常P代表极数，N代表零线；2P代表小型断路器的两极都具有热磁保护功能，宽度为36mm；而1P+N代表只有火线热磁保护功能，N极没有热磁保护功能，但会与火线同时断开，宽度为18mm。所以1P+N比2P更加经济，1P和1P+N比2P少一片位置，在相同大小的空间，可以多接出几条支路。通常，总开关可以选用2P断路器；照明回路使用1P或1P+N小型断路器；插座回路使用1P或1P+N漏电保护断路器；大功率插座（16A三孔插座）使用2P漏电保护断路器，这些我们在安装使用中在保证安全的情况下灵活选用。

### 2.家装中断路器的选择

在日常生活中，断路器选择通常要把电功率换算成电流来进行，计算公式是已知电器功率/电压＝电流。

断路器需要和电线、电器功率配套，否则容易出现跳闸、接线柱烧毁等情况。可参考表5-1和表5-2进行选择，具体以实际需求为准。

表5-1　导线电流适应功率选配表

| 规定电流 | 铜芯线 | 负载功率 | 实用场景 |
| --- | --- | --- | --- |
| 1～5A | <1mm | <1000W | 小功率设备 |
| 6A | ≥1mm | ≤1320W | 照明 |
| 10A | ≥1.5mm | ≤2200W | 照明 |
| 16A | ≥2.5mm | ≤3520W | 照明插座；1～1.5匹空调 |

续表

| 规定电流 | 铜芯线 | 负载功率 | 实用场景 |
|---|---|---|---|
| 20A | ≥2.5mm | ≤4400W | 卧室插座；2匹空调 |
| 25A | ≥4mm | ≤5500W | 厨卫插座；2.5匹空调 |
| 32A | ≥6mm | ≤7040W | 厨卫插座；3匹空调；6kW快速热水器 |
| 40A | ≥10mm | ≤8800W | 3kW快速热水器；电源总闸 |
| 50A | ≥10mm | ≤11000W | 电源总闸 |
| 63A | ≥16mm | ≤13200W | 电源总闸 |
| 80A | ≥16mm | ≤17600W | 电源总闸 |
| 100A | ≥25mm | ≤22000W | 电源总闸 |
| 125A | ≥35mm | ≤27500W | 电源总闸 |

表5-2 断路器功率选配表

| 空调选型参考表 |
|---|
| 1匹≈750W 断路器选10A |
| 1.5匹≈1250W 断路器选16A |
| 2匹≈1500W 断路器选20A |
| 2.5匹≈1875W 断路器选25A |
| 3匹≈2250W 断路器选32A |
| 3.5匹≈2625W 断路器选40A |
| 空调选型计算公式 |
| 功率×3倍（瞬间启动电流大）/电压220V＝电流 |

### 3. 断路器1P+N、2P、3P+N、4P接线知识

断路器1P+N、2P、3P+N、4P接线如图5-31所示。

### 4. 低压断路器分级控制实物接线

随着配电的级数下降，各级断路器的额定电流和短路电流分级下降。电工在安装配电箱过程中就是按照串联断路器的保护特性（一般下一级断路器额定电流要小于上一级断路器额定电流的电流）选择性进行接线组装。如图5-32是某公司车间现场墙壁配电箱接线，第一级采用C63A4P断路器，第二级保护使用C40A漏电保护器，第三级保护使用C16A和C32A及C10A断路器保护，分别用于220V烘干箱和车间办公室空调及临时灯具保护。其中第三级保护烘干箱、空调采用2P断路器进行保护，临时灯具采用1P断路器断开火线进行保护。

第五章 常用低压电器与应用

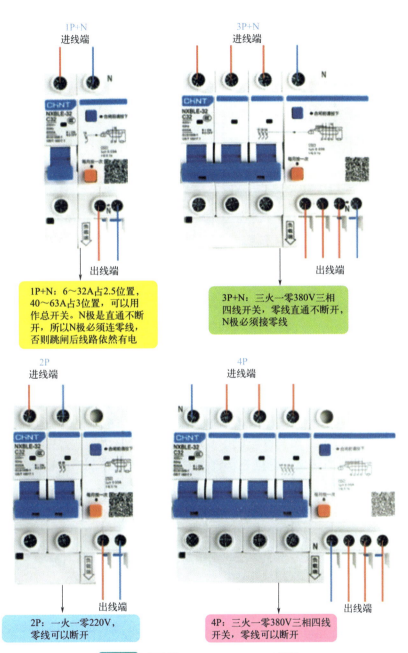

图5-31 断路器1P+N、2P、3P+N、4P接线

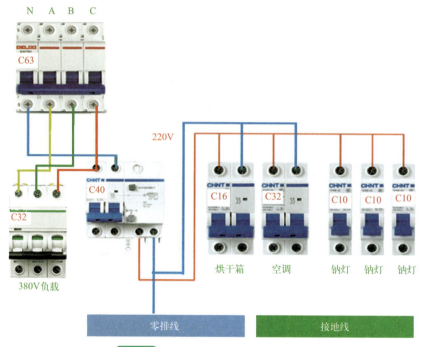

图5-32 车间内配电箱断路器正确接线

## 八、万能转换开关

### 1. 万能转换开关的用途

万能转换开关,主要适用于交流50Hz、额定工作电压380V及以下、直流工作电压220V及以下、额定电流低于160A的电气线路中,万能转换开关主要用于各种控制线路的转换,电压表、电流表的换相测量控制,配电装置线路的转换和遥控等。同时万能转换开关还可以用于直接控制小容量电动机的启动、调速和换向。

### 2. 万能转换开关的外形与结构

万能转换开关外形结构如图5-33所示,主要由手柄、面板框、开关体、接线端子等组成。

### 3. 万能转换开关在电气原理图中的图形及符号

图5-34中所示:"—○○—"代表一路触点,而每一根竖的点划线表示手柄位置,在某一个位置上哪一路接通,就在下面用黑点"●"表示。

图5-34中当万能转换开关打向左45°时,触点1—2、3—4、5—6闭合,触点7—8打开;打向0°时,只有触点5—6闭合;打向右45°时,触点7—8闭合,其余打开。

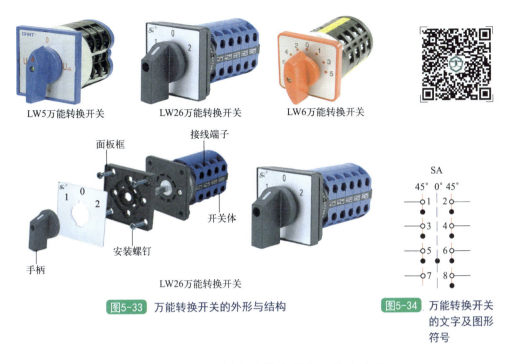

图5-33 万能转换开关的外形与结构

图5-34 万能转换开关的文字及图形符号

万能转换开关根据用途、所需触点挡数和额定电流来选择。

### 4. 万能转换开关的接线

图5-35（a）所示是触点接线表。图5-35（b）所示是LW5D万能转换开关的接线图，其中在零位时1—2触点闭合，往右旋转45°触点5—6、3—4闭合，往左旋转45°触点5—6、7—8闭合。

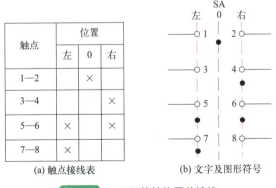

| 触点 | 位置 | | |
|---|---|---|---|
| | 左 | 0 | 右 |
| 1—2 | | × | |
| 3—4 | | | × |
| 5—6 | × | | × |
| 7—8 | × | | |

(a) 触点接线表

(b) 文字及图形符号

图5-35 LW5D万能转换开关接线

配电柜万能转换开关测量三相相电压接线采用LW5换相开关。测量三相相电压接线如图5-36所示，触点位置如表5-3所示。

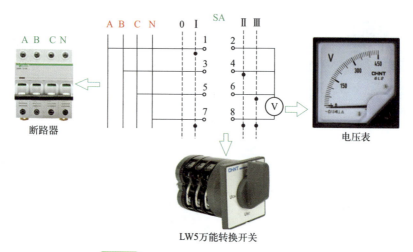

图5-36 万能转换开关测量三相相电压接线

表5-3 触点位置表

| 电压 | 位置 | 触点号 | | | |
|---|---|---|---|---|---|
| | | 1—2 | 3—4 | 5—6 | 7—8 |
| 0 | 0 | | | | |
| $U_{AN}$ | Ⅰ | × | | | × |
| $U_{BN}$ | Ⅱ | | × | | × |
| $U_{CN}$ | Ⅲ | | | × | × |

## 九、行程（限位）开关

### 1. 常用行程开关

常用行程开关的外形如图5-37所示。

### 2. 行程开关的用途

行程开关（即限位开关）的作用与按钮相同，只是其触点的动作不是靠手动操作，而是利用生产机械某些运动部件的碰撞使其触点动作来实现接通或分断某些电路，使之达到一定的控制要求。

图5-37 常用行程开关的外形

### 3. 行程开关的动作原理

行程开关的结构和动作原理如图5-38所示。

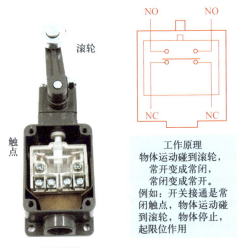

图5-38 行程开关结构和动作原理

当运动机械的挡铁撞到行程开关的滚轮上时，传动杠连同转轴一起转动，使凸轮推动撞块，当撞块被压到一定位置时，推动微动开关快速动作，使其常闭触点分断、常开触点闭合，当滚轮上的挡铁移开后，复位弹簧就使行程开关各部分恢复原始位置，这种单轮自动恢复的行程开关是依靠本身的复位弹簧来复原的。

### 4. 行程开关的接线

行程开关在电气原理图中的符号如图5-39所示，行程开关根据动作要求和触点的数量来选择。行程开关接线（常开和常闭触点因生产厂家不同，数字标示有差异）如图5-40所示。

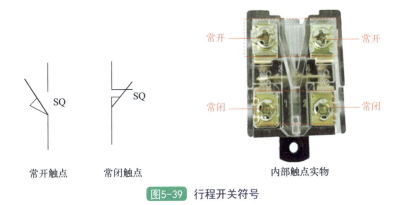

图5-39 行程开关符号

## 十、指示灯

### 1. 电源指示灯

电源指示灯是指示灯具的一种，电源指示灯可用颜色有红、黄、绿、蓝和白色。

指示灯选色原则：指示灯被接通，通过指示灯发光所反映的信息来选色。单靠颜色不能表示操作功能或运行状态时，需要在元器件上或元器件旁增加必要的图形或文字符号。电源指示灯外形如图5-41所示。

### 2. 配电箱电源指示和设备运行指示灯接线（如图5-42所示）

### 3. 配电柜三相电源指示灯接线方法

配电柜基本是采用三相四线，用三根火线按照A、B、C相，每一根接一个LED电源指示灯火线端，三只指示灯零线端并连接到断路器N端（零线作为三个指示灯公共端）。如图5-43所示。

NO为常开，NC为常闭，请勿接反或接错

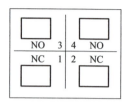

图5-40　行程开关接线

图5-41　电源指示灯外形

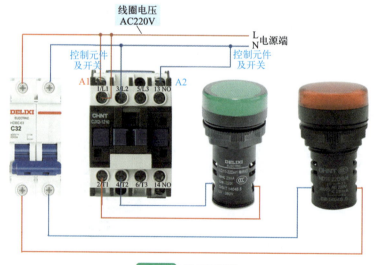

图5-42　指示灯接线

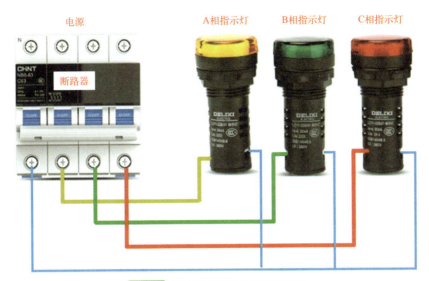

图5-43 配电柜三相电源指示灯接线

## 十一、接近开关

### 1. 常见接近开关

常见接近开关外形如图5-44所示。

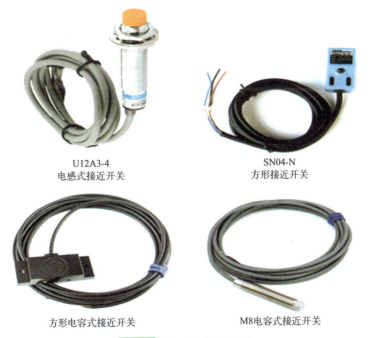

图5-44 常见接近开关外形

## 2. 常开型接近开关和常闭型接近开关的区别（如图5-45所示）

① 接近开关没有动作（感应部分没被遮挡）时，接近开关常开型是断开的，接近开关常闭型是闭合的。

② 接近开关动作（感应部分被遮挡）时，接近开关常闭型是断开的，接近开关常开型是闭合的。

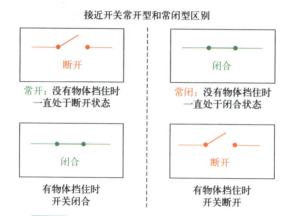

图5-45 常开型接近开关和常闭型接近开关区别

③ 接近开关安装中埋入式和非埋入式区别如图5-46所示。

图5-46 接近开关安装中埋入式和非埋入式的区别

④ 常用接近开关NPN型和PNP型区别如图5-47所示。

## 3. 电感式接近开关CDJ10接线

① 德力西电感式接近开关CDJ10接线如图5-48所示。

沪工LJ18A3-8-Z/BX
NPN接近开关

沪工LJ18A3-8-Z/BY
PNP接近开关

『 NPN 』
共正电压，输出负电压
NPN.NO

常态下是常开的，检测物体的时候
黑色线输出一个负电压信号
NPN.NC

常态下黑色线输出负电压信号，
检测到物体的时候，断开输出信号

『 PNP 』
共负电压，输出正电压
PNP.NO

常态下是常开的，检测物体的时候
黑色线输出一个正电压信号
PNP.NC

常态下黑色线输出正电压信号，
检测到物体的时候，断开输出信号

图5-47 常用接近开关NPN型和PNP型的区别

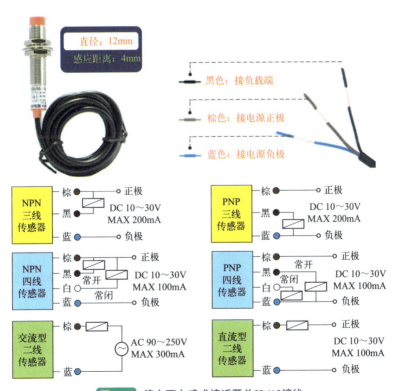

图5-48 德力西电感式接近开关CDJ10接线

② 沪工LJC18A3-B-Z/AY电容式接近开关接线如图5-49所示。

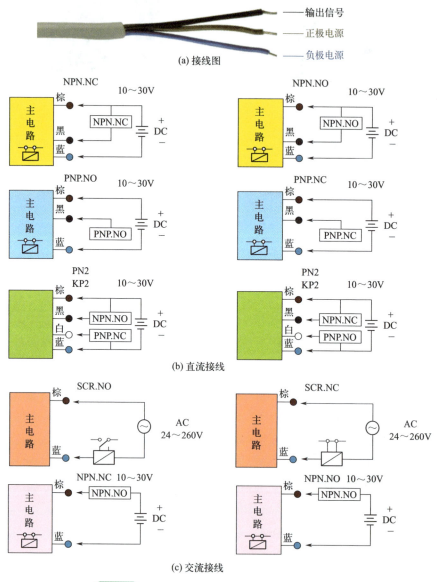

图5-49 沪工LJC18A3-B-Z/AY电容式接近开关接线

③ E3FA-TN11对射式光电开关接线如图5-50所示。

④ 交流两线电感式接近开关实物接线　两线制接近开关的接线方式比较简单，接近开关与负载串联后接到电源即可。注意：使用DC直流电源两线制接近开关需要红（棕）线接电源正端、蓝（黑）线接电源0V（负）端，AC交流电源产品则不需要。如图5-51所示。

# 第五章 常用低压电器与应用

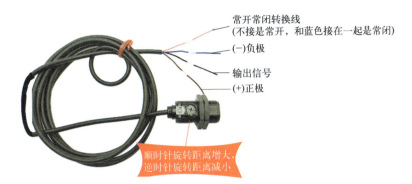

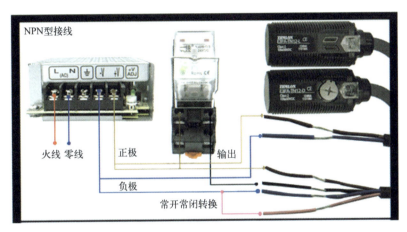

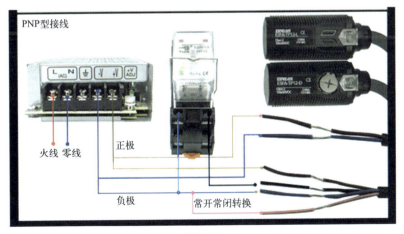

图5-50

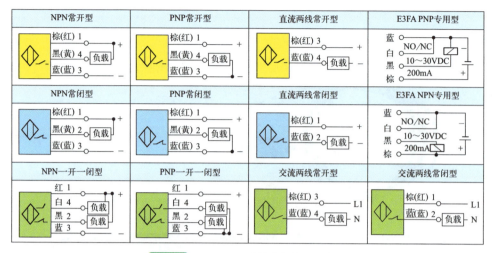

图5-50 E3FA-TN11对射式光电开关接线

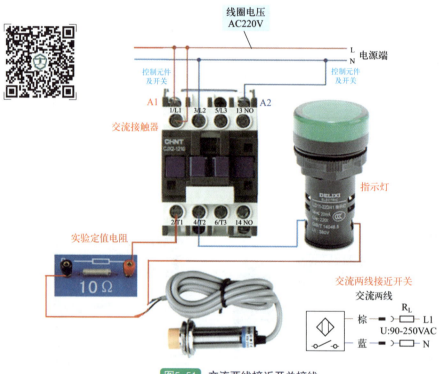

图5-51 交流两线接近开关接线

# 第六章 电动机及应用

## 第一节 认识各种电动机

### 一、电动机的分类

电动机（简称电机）的类型很多，但其工作原理都基于电磁感应定律和电磁力定律。因此，电机结构构成的一般原则是：用适当的有效材料（导电材料和导磁材料）构成能互相进行电磁感应的电路和磁路，以产生电磁功率和电磁转矩，达到能量转换的目的。根据应用的不同，电机有很多种类，形形色色的电机见图6-1所示。各种电动机的特性、接线与检修详见附录视频教学。

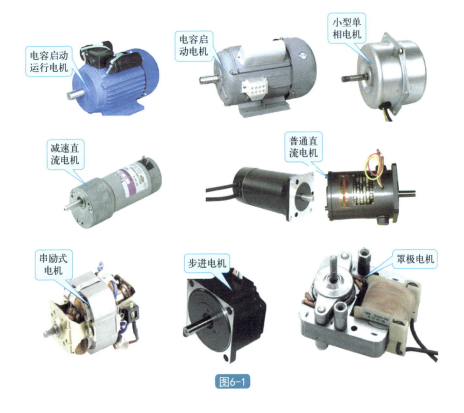

图6-1

图6-1 形形色色的电机

电机的分类方法很多，按其功能来看，可分为：
① 发电机。把机械能转换成电能。
② 电动机。把电能转换成机械能。
③ 变压器。变频机、交流机、移相器。分别用于改变电压、电流及相位。
④ 控制机电。作为控制系统中的元件。

上述各种电机中，除了变压器是静止的电气设备外，其余的均为旋转电机。旋转电机通常分为直流电机和交流电机，后者又分为异步电机和同步电机，这种分类法可归纳为：

$$电机\begin{cases}变压器\\ 旋转电机\begin{cases}直流电机\\ 交流电机\begin{cases}异步电机\\ 同步电机\end{cases}\end{cases}\end{cases}$$

## 二、电动机的铭牌

### 1. 三相异步电动机的铭牌标注

三相异步电动机的铭牌标注如图6-2所示。在接线盒上方，散热片之间有一块长方形的铭牌，电动机的一些数据一般都在电动机铭牌上标出。我们在修理时可以从铭牌上参考一些数据。

| 型号：Y-200L6-6 | | 防护等级：54DF35 |
|---|---|---|
| 功率：10kW | 电压：380V | 电流：19.7A |
| 频率：50Hz | 接法：△ | 工作制：M |
| 重量：72公斤 | 绝缘等级：E | |
| 噪声限值：72分贝 | 出厂编号：1568324 | |

图6-2 电动机的铭牌

## 2. 铭牌上主要内容解读

（1）型号　型号Y-200L6-6：Y表示异步电动机，200表示机座的中心高度，L表示中机座（M表示中机座、S表示短机座），6表示6极2号铁芯。电动机产品名称代号如表6-1所示。

表6-1　电动机产品名称代号

| 产品名称 | 新代号 | 汉字代号 | 老代号 |
| --- | --- | --- | --- |
| 异步电动机 | Y | 异 | J，JO，JS，JK |
| 绕线式异步电动机 | YR | 异绕 | JR，JRO |
| 防爆型异步电动机 | YB | 异爆 | JK |
| 高启动转矩异步电动机 | YQ | 异起 | JQ，JGQ |
| 高转差率滑差异步电动机 | YH | 异滑 | JH，JHO |
| 多速异步电动机 | YD | 异多 | JD，JDO |

在电机机座标准中，电机中心高和电机外径有一定对应关系，而电机中心高或电机外径是根据电机定子铁芯的外径来确定的。当电机的类型、品种及额定数据选定后，电机定子铁芯外径也就大致定下来，于是电机外形、安装、冷却、防护等结构均可选择确定了，为了方便选用，在表6-2和表6-3中列出了异步电动机按中心高确定机座号与额定数据的对照。

中、小型三相异步电动机的机座号与定子铁芯外径及中心高度的关系如表6-2和表6-3。

表6-2　小型异步三相电动机

| 机座号 | 1 | 2 | 3 | 4 | 5 | 6 | 7 | 8 | 9 |
| --- | --- | --- | --- | --- | --- | --- | --- | --- | --- |
| 定子铁芯外径/mm | 120 | 145 | 167 | 210 | 245 | 280 | 327 | 368 | 423 |
| 中心高度/mm | 90 | 100 | 112 | 132 | 160 | 180 | 225 | 250 | 280 |

表6-3　中型异步三相电动机

| 机座号 | 11 | 12 | 13 | 14 | 15 |
| --- | --- | --- | --- | --- | --- |
| 定子铁芯外径/mm | 560 | 650 | 740 | 850 | 990 |
| 中心高度/mm | 375 | 450 | 500 | 560 | 620 |

（2）额定功率　额定功率是指在满载运行时三相电动机轴上所输出的额定机械功率，用$P_e$表示，以千瓦（kW）或瓦（W）为单位，是电动机工作的标准，当负载小于等于10kW时电动机才能正常工作；大于10kW时电动机比较容易损坏。

（3）额定电压　额定电压是指接到电动机绕组上的线电压，用$U_N$表示。三相电动机要求所接的电源电压值的变动一般不应超过额定电压的±5%。电压高于额定电压时，电动机在满载的情况下会引起转速下降，电流增加使绕组过热，电动机容易烧毁；电压低于额定电压时，电动机最大转矩也会显著降低，电动机难以启动，即使启动后电动机也可能带不动负载，容易烧坏。额定电压380V说明该电动机为三相交流电380V供电。

（4）额定电流　额定电流是指三相电动机在额定电源电压下，输出额定功率时，流入定子绕组的线电流，用$I_N$表示，以安（A）为单位。若超过额定电流过载运行，三相电动机就会过热乃至烧毁。

三相异步电动机的额定功率与其他额定数据之间有如下关系式

$$P_N = \sqrt{3} U_N I_N \cos\varphi_N \eta_N$$

式中　$\cos\varphi_N$——额定功率因数；

$\eta_N$——额定效率。

另外，三相电动机功率与电流的估算可用"1kW电流为2A"的估算方法。

例：功率为10kW，电流为20A（实际上略小于20A）。

由于定子绕组连接方式的不同，额定电压不同，电动机的额定电流也不同。

例：一台额定功率为10kW时，其绕组作三角形连接时，额定电压为220V，额定电流为70A；其绕组作星形连接时，额定电压为380V，额定电流为72A。也就是说铭牌上标明：接法——三角形/星形；额定电压——220/380V；额定电流——70/72A。

（5）额定频率　额定频率是指电动机所接的交流电源每秒钟内周期变化的次数，用$f$表示。我国规定标准电源频率为50Hz。频率降低时转速降低，定子电流增大。

（6）额定转速　额定转速表示三相电动机在额定工作情况下运行时每分钟的转速，用$n_N$表示，一般是略小于对应的同步转速$n_1$。如$n_1$=1500r/min，则$n_N$=1440r/min。异步电动机的额定转速略低于同步电动机。

（7）接法　接法是指电动机在额定电压下定子绕组的连接方法。三相电动机定子绕组的连接方法有星形（Y）和三角形（△）两种。定子绕组的连接只能按规定方法连接，不能任意改变接法，否则会损坏三相电动机。一般在3kW以下的电动机为星形（Y）接法；在4kW以上的电动机为三角形（△）接法。

（8）防护等级　防护等级表示三相电动机外壳的防护等级，其中IP是防护等级标志符号，其后面的两位数字分别表示电机防固体和防水能力。数字越大，防护能力越强，如IP44中第一位数字"4"表示电机能防止直径或厚度大于1mm的固体进入电机内壳，第二位数字"4"表示能承受任何方向的溅水。

（9）绝缘等级　绝缘等级是根据电动机的绕组所用的绝缘材料，按照它的允许耐热程度规定的等级。绝缘材料按其耐热程度可分为：A、E、B、F、H等级。其中A级允许的耐热温度最低60℃，极限温度是105℃，H等级允许的耐热温度最高为125℃，极限温度是150℃。

（10）工作定额　工作定额指电动机的工作方式，即在规定的工作条件下持续时间或工作周期。电动机运行情况根据发热条件分为三种基本方式：连续运行（S1）、短时运行（S2）、断续运行（S3）。

连续运行（S1）——按铭牌上规定的功率长期运行，但不允许多次断续重复使用。如水泵、通风机和机床设备上的电动机使用方式都是连续运行。

短时运行（S2）——每次只允许规定的时间内按额定功率运行（标准的负载持续时间为10min、30min、60min和90min），而且再次启动之前应有符合规定的停机冷却时间，待电动机完全冷却后才能正常工作。

断续运行（S3）——电动机以间歇方式运行，标准负载持续率分为4种：15%、25%、40%、60%。每周期为10min（例如25%为2分钟半工作，7分钟半停车）。如吊车和起重机等设备上用的电动机就是断续运行方式。

（11）噪声限值　噪声指标是Y系列电动机的一项新增加的考核项目。电动机噪声限值分为：N级（普通级）、R级（一级）、S级（优等级）和E级（低噪声级）等4个级别。R级噪声限值比N级低5dB（分贝），S级噪声限值比N级低10dB，E级噪声限值比N级低15dB。

（12）标准编号　标准编号表示电动机所执行的技术标准。其中"GB"为国家标准，"JB"为机械部标准，后面的数字是标准文件的编号。各种型号的电动机均按有关标准进行生产。

（13）出厂编号及日期　这是指电动机出厂时的编号及生产日期。据此我们可以直接向厂家索要该电动机的有关资料，以供使用和维修时做参考。

## 三、三相电动机故障及检修

当电动机发生故障时，应仔细观察所发生的现象，并迅速断开电源，然后根据故障情况分析原因，并找出处理办法。三相异步电动机常见故障及处理方法可见表6-4。

表6-4　三相异步电动机常见故障及处理办法

| 故障 | 产生原因 | 处理办法 |
| --- | --- | --- |
| 电动机不能启动或带负载运行时转速低于额定值 | （1）熔丝烧断；开关有一相在分开状态，或电源电压过低<br>（2）定子绕组中或外部电路中有一相断线<br>（3）绕线式异步电动机转子绕组及其外部电路（滑环、电刷、线路及变阻器等）有断路、接触不良或焊接点脱焊等现象<br>（4）笼型电动机转子断条或脱焊，电动机能空载启动，但不能加负载启动运转<br>（5）将△接线接成Y接线，电动机能空载启动，但不能满载启动<br>（6）电动机的负载过大或传动机构被卡住<br>（7）过流继电器整定值调得太小 | （1）检查电源电压和开关、熔丝的工作情况，排除故障<br>（2）检查定子绕组中有无断线，再检查电源电压<br>（3）用兆欧表检查转子绕组及其外部电路中有无断路；检查各连接点是否接触紧密可靠，电刷的压力及与滑环的接触面是否良好<br>（4）将电动机接到电压较低（约为额定电压的15%～30%）的三相交流电源上，同时测量定子的电流。如果转子绕组有断开或脱焊，随着转子位置不同，定子电流也会产生变化<br>（5）按正确接法改正接线<br>（6）选择较大容量的电动机或减少负载；如传动机构被卡住，应排除故障<br>（7）适当提高整定值 |

续表

| 故障 | 产生原因 | 处理办法 |
|---|---|---|
| 电动机三相电流不平衡 | （1）三相电源电压不平衡<br>（2）定子绕组中有部分线圈短路<br>（3）重换定子绕组后，部分线圈匝数有错误<br>（4）重换定子绕组后，部分线圈之间有接线错误 | （1）用电压表测量电源电压<br>（2）用电流表测量三相电流或拆开电动机用手检查过热线圈<br>（3）用双臂电桥测量各相绕组的直流电阻，如阻值相差过大，说明线圈有接线错误，应按正确方法改接<br>（4）按正确的接线法改正接线错误 |
| 电动机温升过高或冒烟 | （1）电动机过载<br>（2）电源电压过高或过低<br>（3）定子铁芯部分硅钢片之间绝缘不良或有毛刺<br>（4）转子运转时和定子相摩擦，致使定子局部过热<br>（5）电动机的通风不好<br>（6）环境温度过高<br>（7）定子绕组有短路或接地故障<br>（8）重换线圈的电动机，由于接线错误或绕制线圈时有匝数错误<br>（9）单相运转<br>（10）电动机受潮或浸漆后未烘干<br>（11）接点接触不良或脱焊 | （1）降低负载或更换容量较大的电动机<br>（2）调整电源电压<br>（3）拆开电动机检修定子铁芯<br>（4）检查转子铁芯是否变形，轴是否弯曲，端盖的止口是否过松，轴承是否磨损<br>（5）检查风扇是否脱落，旋转方向是否正确，通风孔道是否堵塞<br>（6）换绝缘等级较高的B级、F级电动机或采取降温措施<br>（7）用电桥测量各相线圈或各元件的直流电阻，用兆欧表测量对机壳的绝缘电阻，局部或全部更换线圈<br>（8）按正确图纸检查和改正<br>（9）检查电源和绕组，排除故障<br>（10）彻底烘干<br>（11）仔细检查各焊点，将脱焊点重焊 |
| 电刷冒火，滑环过热或烧坏 | （1）电刷的牌号或尺寸不符<br>（2）电刷压力不足或过大<br>（3）电刷与滑环接触面不够<br>（4）滑环表面不平、不圆或不清洁<br>（5）电刷在刷握内轧住 | （1）按电机制造厂的规定更换电刷<br>（2）调整电刷压力<br>（3）仔细研磨电刷<br>（4）修理滑环<br>（5）磨小电刷 |
| 电机有不正常的振动和响声 | （1）电动机的地基不平，电动机安装得不符合要求<br>（2）滑动轴承的电动机轴颈与轴承的间隙过小或过大<br>（3）滚动轴承在轴上装配不良或轴承损坏<br>（4）电动机转子或轴上所附有的皮带轮、飞轮、齿轮等不平衡<br>（5）转子铁芯变形或轴弯曲<br>（6）电动机单相运转，有"嗡嗡"声<br>（7）转子风叶碰壳<br>（8）轴承严重缺油 | （1）检查地基及电动机安装情况，并加以纠正<br>（2）检查滑动轴承的情况<br>（3）检查轴承的装配情况或更换轴承<br>（4）做静平衡或动平衡试验<br>（5）将转子在车床上用千分表找正<br>（6）检查熔丝及开关接触点，排除故障<br>（7）校正风叶，旋紧螺钉<br>（8）清洗轴承加新油，注意润滑脂的量不宜超过轴承室容积的70% |

续表

| 故障 | 产生原因 | 处理办法 |
| --- | --- | --- |
| 轴承过热 | （1）轴承损坏<br>（2）轴承与轴配合过松或过紧<br>（3）轴承与端盖配合过松或过紧<br>（4）滑动轴承油环磨损或转动缓慢<br>（5）润滑油过多、过少或油太脏，混有铁屑沙尘<br>（6）皮带过紧或联轴器装得不好<br>（7）电动机两侧端盖或轴承盖未装平 | （1）更换轴承<br>（2）过松时在转轴上镶套，过紧时重新加工到标准尺寸<br>（3）过松时在端盖上镶套，过紧时重新加工到标准尺寸<br>（4）查明磨损处，修好或更换油环。油质太稠时，应换较稀的润滑油<br>（5）加油或换油，润滑脂的容量不宜超过轴承室容积的70%<br>（6）调整皮带张力，校正联轴器传动装置<br>（7）将端盖或轴承盖止口装平，旋紧螺钉 |

## 第二节 单相电动机

### 一、单相电动机的结构和种类

如图6-3所示，单相异步电动机的结构与小功率三相异步电动机比较相似，也是由机壳、转子、定子、端盖、轴承等部分组成，定子部分由机座、端盖、轴承定子铁芯和定子绕组组成。

图6-3 单相异步电动机外形

单相异步电动机的定子部分由机座、端盖、轴承、定子铁芯和定子绕组组成。由于单相电动机种类不同，定子结构可分为凸极式和隐极式。凸极式主要应用于罩极式电动机，而分相式电动机主要应用隐极结构。如图6-4所示。

（1）罩极电动机的定子

① 凸极式罩极电动机的定子　如图6-4（a）所示。凸极式罩极电动机的定子是由凸出的磁极铁芯和激磁主绕组线包以及罩极短路环组成的。这种电动机的主绕组线包绕在每个凸出磁极的上面。每个磁极极掌的一端开有小槽，将一个短路环或者几匝短路线圈嵌入小槽内，用其罩住磁极的1/3左右的极掌。这个短路环又称为罩极圈。

② 隐极式罩极电动机的定子　如图6-4（b）所示。隐极式罩极电动机的定子由圆形定子铁芯、主绕组以及短路绕组（短路线圈）组成，用硅钢片叠成的隐极式罩极电动机的圆形定子铁芯，上面有均匀分布的槽。有主绕组和短路绕组嵌在槽内。在定子铁芯槽内分散嵌着隐极式罩极电动机的主绕组。它置于槽的底层有很多匝数。罩极短路线圈嵌在铁芯槽的外层匝数较少，线径较粗（常用1.5mm左右的高强度漆包线）。它嵌在铁芯槽的外层。短路线圈只嵌在部分铁芯定子槽内。

在嵌线时要特别注意两套绕组的相对空间位置，主要是为了保证短路线圈有电流时产生的磁通在相位上滞后于主绕组磁通一定角度（一般约为45°），以便

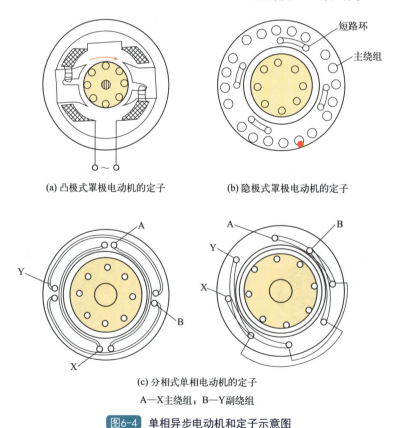

(a) 凸极式罩极电动机的定子　　(b) 隐极式罩极电动机的定子

(c) 分相式单相电动机的定子
A—X主绕组；B—Y副绕组

图6-4　单相异步电动机和定子示意图

形成电动机的旋转气隙磁场,如图6-4(c)所示。

(2)分相式单相电动机的定子(如图6-4所示) 分相式单相电动机虽然有电容分相式、电阻分相式、电感分相式三种形式,但是其定子结构、嵌线方法均相同。

分相式定子铁芯一片片叠压而成,且为圆形,内圆开成隐极槽;槽内嵌有主绕组和副绕组(启动绕组),主、副绕组的相对位置相差90°。

家用电器中的洗衣机电动机主绕组与副绕组匝数、线径、在定子腔内分布、占的槽数均相同。主绕组与副绕组在空间互相差90°电角度。电风扇电动机和电冰箱电动机的主绕组和副绕组匝数、线径及占的槽数都不相同。但是主绕组与副绕组在空间的相对位置互相也差90°电角度。

(3)单相异步电动机的转子(如图6-5所示) 转子是电动机的旋转部分,它是由电机轴、转子铁芯以及鼠笼组成。

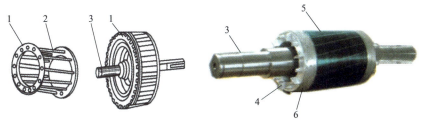

**图6-5** 笼型转子示意图

1—端环;2—铜鼠笼条;3—转轴;4—风叶;5—压铸鼠笼;6—端环

单相异步电动机大多采用斜槽式笼型转子,主要是为了改善启动性能。转子的笼型导条两端,一般相差一个定子齿距。笼型导条和端环多采用铝材料一次铸造成形。笼型端环的作用是将多条笼型导条并接起来,形成环路,以便在导条产生感应电动势时,能够在导条内部形成感应电流。电动机的转子铁芯为硅钢片冲压成形后,再叠制而成。这种笼型转子结构比较简单,不仅造价低,而且运行可靠;因此应用十分广泛。

(4)其他 电动机除定、转子,风扇及风扇罩,还有外壳、端盖,由铸铁(或铝合金)制成,用来固定定子、转子,并在端盖加装轴承,装配好后电机轴伸在外边,这样电机通电可旋转。

电动机装配好之后,在定、转子之间有0.2~0.5mm的工作间隙,产生旋转磁场使转子旋转。

① 机座 机座结构随电动机冷却方式、防护型式、安装方式和用途而异。按其材料分类,有铸铁、铸铝和钢板结构等几种。

铸铁机座,带有散热筋。机座与端盖连接,用螺栓紧固。铸铝机座一般不带有散热筋。钢板结构机座，是由厚为 1.5～2.5mm 的薄钢板卷制、焊接而成，再焊上钢板冲压件的底脚。

有的专用电动机的机座相当特殊，如电冰箱的电动机，它通常与压缩机一起装在一个密封的罐子里。而洗衣机的电动机，包括甩干机的电动机，均无机座，端盖直接固定在定子铁芯上。

② 铁芯　铁芯由磁钢片冲槽叠压而成，槽内嵌装两套互隔 90°电角度的主绕组（运行绕组）和副绕组（启动绕组）。

铁芯包括定子铁芯和转子铁芯，作用与三相异步电动机一样，用来构成电动机的磁路。

③ 端盖　相应于不同的机座材料，端盖也有铸铁件、铸铝件和钢板冲压件。

④ 轴承　转轴是支撑转子的重量，传递转矩，输出机械功率的主要部件。轴承有滚珠轴承和含油轴承。

## 二、单相电动机绕组技术参数

压缩机单相电动机技术参数如表 6-5 所示。

表 6-5　压缩机单相电动机技术参数

| 技术规格 \ 压缩机型号 | LD5801 | | OF-12-75 | | OF-12-93 | |
| --- | --- | --- | --- | --- | --- | --- |
| 工作电压/V | 200 | | 220 | | 220 | |
| 额定电流/A | 1.4 | | 0.9 | | 1.2 | |
| 输出功率/W | 93 | | 75 | | 93 | |
| 额定转速/(r/min) | 1450 | | 2800 | | 2800 | |
| 定子绕组采用QZ或QF漆包线 | 运行 | 启动 | 运行 | 启动 | 运行 | 启动 |
| 导线直径/mm | 0.64 | 0.35 | 0.59 | 0.31 | 0.64 | 0.35 |
| 匝数　小小线圈 | 71 | | 45 | | 36 | |
| 小线圈 | 96 | 33 | 67 | 60 | 70 | 40 |
| 中线圈 | 125 | 40 | 101 | 70 | 81 | 60 |
| 大线圈 | 65 | 50 | 117 | 100 | 92 | 70 |
| 大大线圈 | | | 120 | 140 | 98 | 200 |
| 定子绕组匝数 | 357×4 | 123×4 | 470×2 | 370×2 | 379×2 | 370×2 |
| 绕组电阻值（直流电阻）/Ω | 17.32 | 20.8 | 16.3 | 45.36 | 11.81 | 41.4 |
| 定子铁芯槽数 | 32 | | 24 | | 24 | |
| 绕组跨距　小小线圈 | 2 | | 3 | | 3 | |

续表

| 技术规格 \ 压缩机型号 | LD5801 | | OF-12-75 | | OF-12-93 | |
|---|---|---|---|---|---|---|
| 小线圈 | 4 | 4 | 5 | 5 | 5 | 5 |
| 中线圈 | 6 | 6 | 7 | 7 | 7 | 7 |
| 大线圈 | 8 | 8 | 9 | 9 | 9 | 9 |
| 大大线圈 | | | 11 | 11 | 11 | 11 |
| 定子铁芯叠厚/mm | 28 | | 25 | | 25 | |

## 三、单相电动机常见故障与检修

单相电动机由启动绕组和运转绕组组成定子。启动绕组的电阻大、导线细（俗称小包）；运转绕组的电阻小、导线粗（俗称大包）。

单相电动机的接线端子包括公共端子、运转端子（主线圈端子）、启动线圈端子（辅助线圈端子）等。

在单相异步电动机的故障中，大多数是由电动机绕组烧毁而造成的。因此在修理单相异步电动机时，一般要做电器方面的检查，首先要检查电动机的绕组。

单相电动机的启动绕组和运转绕组的分辨方法如下：用万用表的 $R\times 1$ 挡测量公共端子、运转端子（主线圈端子）、启动线圈端子（辅助线圈端子）三个接线端子的每两个端子之间的电阻值。测量完按下式（一般规律，特殊除外）进行计算：

$$总电阻 = 启动绕组 + 运转绕组$$

已知其中两个值即可求出第三个值。小功率的压缩机用电动机的电阻值见表6-6。

表6-6　小功率的压缩机用电动机的电阻值

| 电动机功率/kW | 启动绕组电阻/Ω | 运转绕组电阻/Ω |
|---|---|---|
| 0.09 | 18 | 4.7 |
| 0.12 | 17 | 2.7 |
| 0.15 | 14 | 2.3 |
| 0.18 | 17 | 1.7 |

（1）单相电动机的故障　单相电动机常见故障有：电机漏电、电机主轴磨损和电机绕组烧毁。

造成电机漏电的原因有：

① 电机导线绝缘层破损，并与机壳相碰。

② 电机严重受潮。

③ 组装和检修电机时，因装配不慎使导线绝缘层受到磨损或碰撞，导线绝缘率下降。

电动机因电源电压太低，不能正常启动或启动保护失灵，以及制冷剂、冷冻油含水量过多，绝缘材料变质等也能引起电机绕组烧毁和断路、短路等故障。

电机断路时，不能运转，如有一个绕组断路时电流值很大，也不会运转。振动可能导致电机引线烧断，使绕组导线断开。保护器触点跳开后不能自动复位，也是断路。电机短路时，电机虽能运转，但运转电流大，致使启动继电器不能正常工作。短路原因有匝间短路、通地短路和笼型线圈断条等。

（2）单相电动机绕组的检修  电动机的绕组可能发生断路、短路或碰壳通地。简单的检查方法是将一只220V、40W的试验灯泡连接在电动机的绕组线路中，用此法检查时，一定要注意防止触电事故。为了安全，可使用万用表检测绕组通断与接地情况。单相电动机绕组好坏检测可扫二维码学习。

## 第三节　同步发电机

### 一、同步发电机的原理

交流同步发电机是根据电磁感应原理制成的，即根据导体在磁场中切割磁感线而产生感应电动势的原理而制造。图6-6所示为同步发电机原理示意图，从图中可以看到，线圈ab-cd在永久磁铁或电磁铁内作顺时针旋转时，线圈的ab边和cd边将会不断地切割磁感线，线圈也就会产生大小和方向按周期变化的交变电动势。这个交变电动势和气隙中的磁通密度成正比，而气隙中的磁通密度则是按正弦规律来分布的，因此线圈中感应的交变电动势也是按正弦规律变化的。如果用电刷和滑环将这个线圈和外电路连接起来，外电路就会有正弦交流电流过。

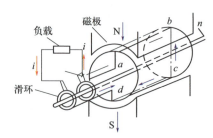

图6-6　同步发电机原理示意图

为了获得较大的感应电势，根据公式：

$$E = Blv\sin a$$

可知只有在增强感应强度 $B$、加长切割磁感线的导体有较长度 $l$ 和增大导体切割除磁感线的速度 $v$ 的情况下，才能得到较大的感应电动势。

在实际应用的发电机内线圈是绕在铁芯上的，其磁场一般也是用线圈励磁的，是磁铁来形成的。这时磁感应强度 $B$ 增强了；线圈也由一匝改为许多匝连在一起，从而使切割磁感线的导体 $l$ 增长了；并且线圈旋转得也更快了，致使导体以很高的速度 $v$ 切割磁感线。

通常将绕在铁芯上用来产生感应电动势的线圈叫做电枢，当发电机的磁场不动而电枢转动时，称为旋转电枢式发电机。如果将磁场放在电枢中间，使磁场旋转而电枢不动，则这种发电机就称作旋转磁场式发电机。

图6-7所示为旋转电枢式发电机示意图，这种发电机的额定电压都不高（一般均不超过500V），主要原因是：电枢产生的电流必须通过滑环与电刷接入外电路，而当滑环间的电压（也即电刷间的电压）很高时，容易因打火而引发火灾，并且由于电枢所占的空间有限，而线圈匝数增多会导致绝缘层加厚而限制了电枢电压的增高；当电机高速旋转时，由于振动和离心现象使电枢极易损坏；同时，电枢的构造比较复杂，因此制造成本高、销售价格贵。因而采用这种设计的同步发电机极少，只偶尔在小功率同步发电机中才能看到。

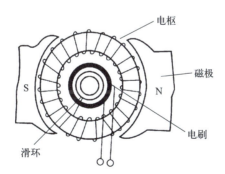

图6-7 旋转是枢式同步发电机示意图

旋转磁场式同步发电机则如图6-8所示，这种结构的同步发电机可以避免旋转电枢式发电机所存在的主要缺点，能够获得极好的运行特性和优良的性能价格比，并且还可以将发电机的容量和电压提高很多。由于磁场励磁线圈所需要的电压均在250V以下，故其构造和绝缘要求都比电枢要简单得多。在这种旋转磁场式发电机转子铁芯上每极都绕有励磁线圈，励磁所需要的直流电由直流电源经过滑环与电刷供给。当同步发电机转子在原动机的旋动下旋转时，它的磁场也将随着一起转动，这时磁场（即磁感线）将切割嵌置在定子槽中的绕组（即电枢），从而在定子绕组内产生感应电动势，而这个感应电动势最高却可达到35000V，所以大型同步发电机均采用旋转磁场式。

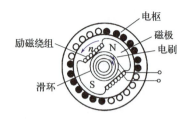

图6-8 旋转磁场同步发电机示意图

## 二、同步发电机的型号

根据同步发电机的产品型号，一般来说应能区别产品的性能、用途和结构特征等。中小型同步发电机的型号，通常包括以下几部分内容：

（1）产品代号　根据标准规定，同步发电机的产品代号为TF，在TF之后还可以加上表示结构特点的字母，如表示单相的D（无D即为三相发电机），W则表示采用无刷励磁装置等。

（2）中心高度　均用数字表示，单位为mm。

（3）机座长度　用字母表示，例如M表示中机座；L表示长机座；S表示短机座。

（4）铁芯长度　以数字来表示，为铁芯的号数，如2即指铁芯的长度是2号。

（5）极数　用数字表示，指电机的磁极的个数，如4即为4个极（也就是2对极）。

（6）型号说明

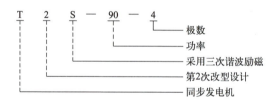

T2系列小型有刷自励恒压三相同步发电机是目前国内常有的基本系列发电机，这种发电机的励磁方式有三次谐波励磁、相复励磁和可控硅励磁三种，分别用字母S、X和K来表示，并标注在产品代号T2的后面，在代号之后其他规格的表示法与标准型号相同。

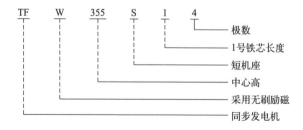

TFW系列三相同步发电机是在T2系列发电机基础上发展起来的换代产品。

单相同步发电机一般均在三相同步发电机基础上派生设计而成，通常多为隐极式，其定子上嵌置有两套绕组，主绕组占2/3槽数，辅助绕组占1/3槽数。单相同步发电机的效率、稳态电压调整率和波形畸变等电气性能均不及三相同步发电机，所以单相同步发电机的功率都比较小，否则其经济性能将会很差。

（7）型号举例

ST系列小型单相同步发电机多与小型汽油（或柴油机）配套组成小型单相交流发电机组，被广泛应用于小型船舶、城镇和农村电器中，具有体积轻巧、使用简单、运行可靠等优点。

### 1. 额定励磁电流

指发电机正常发电时，进入其励磁绕组内电流的保证值。

### 2. 额定励磁功率

指发电机正常满负载发电时，应提供其励磁绕组足够的励磁功率。

### 3. 绝缘等级

规定以发电机所使用的绝缘材料耐热等级作为发电机的绝缘等级。同步发电机常用的绝缘材料有E极、B极、F极，其允许温度依次分别为115℃、130℃、155℃。

## 三、同步发电机的维护与检修

同步发电机的异常故障及处理方法如表6-7所示。

表6-7　同步发电机的异常故障及处理方法

| 故障现象 | 可能原因 | 处理方法 |
| --- | --- | --- |
| 发电机过热 | ① 发电机没有按规定的技术条件运行，如：<br>a.定子电压太高，铁损增大；<br>b.负荷电流过大，定子绕组铜损增大；<br>c.频率过低，使冷却风扇转速变慢，影响发电机散热；<br>d.功率因数过低，会使转子励磁电流增大，使转子发热<br>② 发电机三相负荷电流不平衡，过载的一相绕组会过热。如果三相电流之差超过额定电流的10%，则属严重三相电流不平衡。三相电流不平衡会产生负序磁场，从而增加损耗，引起磁极绕组及套箍等部件发热<br>③ 风道被积尘堵塞，通风不良，发电机散热困难 | ① 检查监视仪表的指示是否正常，若不正常，应进行必要的调节和处理，务必使发电机按照规定的技术条件运行<br>② 调整三相负荷，使各相电流尽量保持平衡<br>③ 清扫风道积尘、油垢，使风道畅通 |

续表

| 故障现象 | 可能原因 | 处理方法 |
|---|---|---|
| 发电机过热 | ④ 进风温度过高或进水温度过高，冷却器有堵塞现象<br>⑤ 轴承中的润滑脂过少或过多<br>⑥ 轴承磨损，磨损不严重时，轴承局部过热；磨损严重时，有可能使定子和转子相互摩擦，造成定子和转子局部过热<br>⑦ 定子铁芯片绝缘损坏，造成片间短路，使铁芯局部的涡流损失增加而发热，严重时会损坏定子绕组<br>⑧ 定子绕组的并联导线断裂，这会使其他导线中的电流增大而发热 | ④ 降低进风或进水温度，清扫冷却器的堵塞。在故障未排除前，应限制发电机负荷，以降低发电机温度<br>⑤ 按规定要求加润滑脂，一般为轴承和轴承室容积的1/3～12(转速低的取上限，转速高的取下限)，并以不超过轴承室容积的70%为宜<br>⑥ 检查轴承有无噪声，更换不良轴承。如定子和转子相互摩擦，应立即停机检修<br>⑦ 立即停机检修，检修方法见第⑤条和第⑥条<br>⑧ 立即停机检修 |
| 发电机中心线对地有异常电压 | ① 正常情况下，由于高次谐波作用或制造工艺等原因，造成各磁极下气隙不等、磁势不等<br>② 发电机绕组有短路现象或对地绝缘不良<br>③ 空载时中性线对地无电压，而有负荷时才有电压 | ① 电压很低(1V至数伏)，没有危险，不必处理<br>② 会使用电设备及发电机性能变坏，容易发热，应设法消除，及时检修，以免事故扩大<br>③ 由三相负荷不平衡引起，通过调整三相负荷便可消除 |
| 发电机过电流 | ① 负荷过大<br>② 输电线路发生相间短路或接地故障 | ① 减轻负荷<br>② 消除输电线路故障后，即可恢复正常 |
| 定子铁芯叠片松动 | 制造装配不当，铁芯未紧固 | 若是整个铁芯松动，对于大、中型发电机，一般要送制造厂修理；对于小型发电机，可用两块略小于定子绕组端部内径的铁板，穿上双头螺栓，收紧铁芯，待恢复原形后，再用铁芯夹紧螺栓紧固。<br>若是局部铁芯松动，可先在松动片间涂刷硅钢片漆，再在松动部分打入硬质绝缘材料进行处理 |
| 铁芯片之间短路，会引起发电机过热，甚至烧坏绕组 | ① 铁芯叠片松动，发电机运转时铁芯发生振动，逐渐损坏铁芯片的绝缘<br>② 铁芯片个别地方绝缘受损伤或铁芯局部过热，使绝缘老化<br>③ 铁芯片边缘有毛刺或检修时受机械损伤<br>④ 有焊锡或铜粒短接铁芯<br>⑤ 绕组发生弧光短路时，也可能造成铁芯短路 | ①、②处理方法见定子铁芯叠片松动处理方法<br>③ 用细锉刀除去毛刺，修整损伤处，清洁表面，再涂上一层硅钢片漆<br>④ 刮除或凿除金属熔焊粒，处理好表面<br>⑤ 将烧损部分用凿子清除后，处理好表面 |

续表

| 故障现象 | 可能原因 | 处理方法 |
| --- | --- | --- |
| 发电机振动 | ① 转子不圆或平衡未调整好<br>② 转轴弯曲<br>③ 联轴节连接不直<br>④ 结构部件共振<br>⑤ 励磁绕组层间短路<br>⑥ 供油量不足或油压不足<br>⑦ 供油量太大，油压太高<br>⑧ 定子铁芯装配不紧<br>⑨ 轴承密封过紧，引起转轴局部过热、弯曲，造成重心偏移<br>⑩ 发电机通风系统不对称<br>⑪ 水轮机尾水管水压脉动 | ① 严格控制制造和安装质量，重新调整转子的平衡<br>② 可采用研磨法、加热法和捶击法等校正转轴<br>③ 调整联轴节部分的平衡，重新调整联轴节密配合螺栓的夹紧力。对联轴节端面重新加工<br>④ 可通过改变结构部件的支持方法来改变它的固有频率<br>⑤ 检修励磁绕组，重新包扎绝缘<br>⑥ 扩大喷嘴直径，升高油压；扩大供油口，减少间隙<br>⑦ 缩小喷嘴直径，提高油温，降低油压，提高面积压力，增加间隙<br>⑧ 重新装压铁芯<br>⑨ 检查和调整轴承密封，使之与轴之间有适当的配合间隙<br>⑩ 注意定子铁芯两端挡风板及转子支架挡风板结构布置和尺寸的选择，使风路系统对称；增强盖板，挡风板的刚度并可靠固定<br>⑪ 对水轮机尾水管采取补救措施，如装设十字架等 |
| 发电机端电压过高 | ① 与电网并列的发电机网电压过高<br>② 励磁装置故障引起过励磁 | ① 与调度联系，由调度处理<br>② 检修励磁装置 |
| 无功出力不足 | 励磁装置电压源复励补偿不足，不能提供电枢反应所需的励磁电流，使机端电压低于电网电压，送不出额定无功功率 | ① 在发电机与电抗器之间接入一台三相调压器，以提高机端电压，使励磁装置的磁势向大的方向变化<br>② 改变励磁装置电压、磁势与机端电压的相位，使合成总磁势增大（如在电抗器每相绕组两端并联数千欧、10W的电阻）<br>③ 减小变阻器的阻值，使发电机励磁电流增大 |
| 定子绕组绝缘击穿，如匝间短路、对地短路、相间短路 | ① 定子绕组受潮<br>② 制造缺陷或检修质量不好，造成绕组绝缘击穿，检修不当，造成机械性损伤<br>③ 绕组过热。绝缘过热后会使绝缘性能降低，有时在高温下会很快造成绝缘击穿事故 | ① 对于长期停用或经较长时间修理的发电机，投入运行前需测量绝缘电阻，不合格者不许投入运行。受潮发电机需干燥处理<br>② 检修时不可损伤电机绝缘及各部分；要按规定的绝缘等级选用绝缘材料，嵌装绕组及浸漆干燥等必须按工艺要求进行<br>③ 加强日常的巡视检查工作，防止发电机各部分过热而损坏绕组绝缘 |

续表

| 故障现象 | 可能原因 | 处理方法 |
| --- | --- | --- |
| 定子绕组绝缘击穿，如匝间短路、对地短路、相间短路 | ④ 绝缘老化。一般发电机运行15～20年以上，其绕组绝缘会老化，电气特性会发生变化，甚至使绝缘击穿<br>⑤ 发电机内有金属异物<br>⑥ 过电压击穿，如：<br>a. 线路遭雷击，而防雷保护不完善；<br>b. 误操作，如在空载时把发电机电压升得过高；<br>c. 发电机内部过电压，包括操作过电压、弧光接地过电压及谐振过电压等 | ④ 做好发电机的大、小修工作，做好绝缘预防性试验。发现绝缘不合格者，应及时更换有缺陷的绕组绝缘或更换绕组，以延长发电机的使用寿命<br>⑤ 检修后切勿将金属物件、零件或工具遗落在定子膛中；绑紧转子的绑扎线，紧固端部零件，防止由于离心现象而松脱<br>⑥ 相应地采取以下措施：<br>a. 完善防雷保护措施；<br>b. 发电机升压要按规定的步骤进行操作，防止误操作；<br>c. 加强绝缘预防性试验工作，及时发现和消除定子绕组绝缘中存在的缺陷 |

## 第四节　直流无刷电机

无刷电机的拆卸与组装

### 一、无刷电机的结构

在定子机架上还安装有4个反射式光电开关元件，与转子外壳内安装的编码盘一同组成转子位置检测装置。

① 转子　外转子由圆弧片状永磁体磁极组成，磁极采用强永磁材料制成，磁场方向为径向，相邻磁极磁场方向相反。磁极粘贴在机壳（上端盖）内圆周，机壳又是磁轭，提供转子磁路。在外转子内还安装有编码盘与定子上的反射式光电开关元件，一同组成转子位置检测装置。外转子如图6-9所示。

② 整体结构　将外转子安装在转轴机座的轴承上，安装好上端盖（机壳）与下端盖，一个外转子直流无刷永磁电动机就组装好了。

图6-10是这个外转子直流无刷永磁电动机的外观图。

图6-9　外转子圈

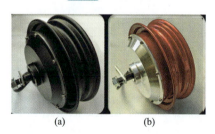

图6-10　外转子直流无刷永磁电动机外观图

## 二、磁极对数的配合

磁场的旋转速度又称同步转速，它与三相电流的频率和磁极对数 $P$ 有关。若定子绕组，在任一时刻合成的磁场只有一对磁极（磁极对数 $P=1$），即只有两个磁极。对只有一对磁极的旋转磁场而言，三相电流变化一周，合成磁场也随之旋转一周，如果是50Hz的交流电．旋转磁场的同步转速就是50r/s即3000r/min，在工程技术中，常用转/分(r/min)来表示转速。如果定子绕组合成的磁场有两对磁极（磁极对数 $P=2$），即有四个磁极，可以证明，电流变化一个周期，合成磁场在空间旋转180°，由此可以推广得出：$P$ 对磁极旋转磁场每分钟的同步转速为 $n=60f/P$。磁极对数配合如图6-11所示。

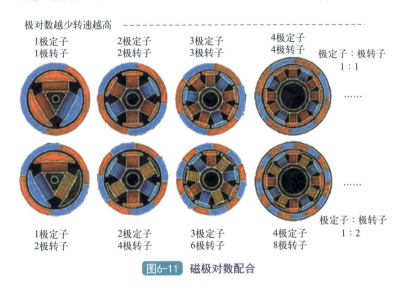

图6-11 磁极对数配合

当磁极对数一定时，如果改变交流电的频率，则可改变旋转磁场的同步转速，这就是变频调速的基本原理。由于电机的磁极是成对出现的，所以也常用极对数表示。

## 三、无刷电机的绕组与接线

分数槽集中绕组永磁电机具有转矩特性优异、定位转矩小、转矩波动小的优点。下面通过一个12槽8极的分数槽集中绕组永磁电机介绍其原理与基本结构。

分数槽集中绕组永磁电机的最大特点是集中绕组。在图6-12中，4个蓝色线圈串联组成A相绕组；4个绿色线圈串联组成B相绕组；4个黄色线圈串联组成C相绕组。各相绕组的线圈连接见图6-12，12个线圈组成三相绕组，三相的末端连接起来构成星形接法。

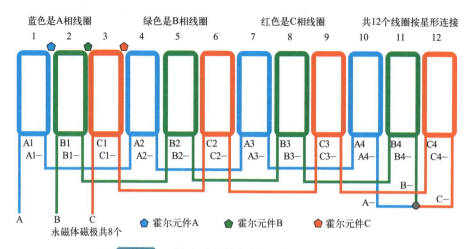

图6-12 12槽8极分数槽集中绕组永磁电机展开图

也可以由3个单个的绕组组成星形连接,再并联使用,见图6-13。并联线圈要重新设计,线要细些,匝数要多些。

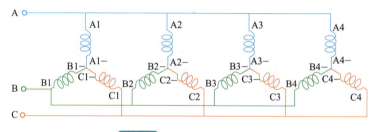

图6-13 并联的4个星形绕组

电机的驱动电源由三相桥式电路组成,图6-14是连接示意图。与三相异步电动机或三相同步电动机不同,该永磁电机输入的不是正弦波,在同一时刻仅有两相通电。

霍尔元件安装在定子两个齿极间的空隙处,当转子的两个磁极交界处通过霍

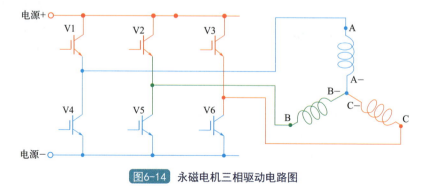

图6-14 永磁电机三相驱动电路图

尔元件时，霍尔元件检测到极性变化，发出信号控制驱动电路进行三相电流的切换，共有霍尔元件A、霍尔元件B、霍尔元件C三个霍尔元件。

## 第五节 同步电动机

### 一、同步电动机的结构

小功率同步永磁式电机，具有体积小、结构紧凑、耗电少、工作稳定、转动平稳、输出力矩大和供电电压高低变化对其转速无影响等优点。永磁同步电机的整体结构见图6-15，它由减速齿轮箱和电机两部分构成。电机由前壳、永磁转子、定子、主轴和后壳等组成。前壳和后壳均选用0.8mm厚的08F结构钢板经拉伸冲压而成，壳体按一定角度和排列冲出6个辐射状的极爪，嵌装后上、下极爪互相错开构成一个定子，定子绕组套在极爪外。后壳中央铆有一根直径为$\phi$1.6mm不锈钢主轴，主要作用是固定转子转动。永磁转子采用铁氧体粉末加入黏合剂经压制烧结而成，表面均匀地充磁$2P=12$极，并使N、S磁极交错排列在转子圆周上，永磁磁场强度通常在0.07～0.08T。组装时，先将定子绕组嵌入后壳内，采用冲铆方式铆牢电机。

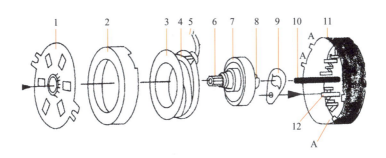

图6-15 永磁同步电机构造

1—前端盖；2—前壳；3—绕组骨架；4—定子绕组；5—电源引线；6—转子轴；
7—永磁转子；8—三爪后轴；9—三爪压片；10—固定轴；11—后壳；12—极掌

### 二、同步电动机的检修

检修时，首先对同步电机外部电路进行检查，看连接导线是否折断、接线端子是否脱落。若正常，用万用表交流250V测量接线端子的端电压，若正常，说明触点工作正常，断定同步电机损坏。

拧下同步电机两个M3螺钉，卸下电机，用什锦锉锉掉后壳铆装点见图6-15

后壳"A"四处，用一字螺丝刀插入前壳缝隙中将前壳撬出，取出绕组，用万用表 $R\times1k$ 或 $R\times10k$ 挡测量电源引线两端。绕组正常电阻为 $10\sim10.5k\Omega$，如果测量出的电阻为无穷大，说明绕组断路。这种断路故障有可能发生在绕组引线处，先拆下绕组保护罩，用镊子小心地将绕组外层绝缘纸掀起来，细心观察引线的焊接处，找出断头后，逆绕线方向退一匝，剪断霉断头，重新将断头焊牢引线，将绝缘纸包扎好，装好电机，故障排除。

有时断头未必发生在引线焊点处。很有可能在绕组的表层，此时可将绕组的漆包线退到一个线轴上，直至将断头找到。用万用表测量断头与绕组首端是否接通。若接通，将断头焊牢包扎绝缘好，再将拆下的漆包线按原来绕线方向如数绕回线包内，焊好末端引线，装好电机，故障消除。

绕组另一种故障是烧毁。轻度烧毁为局部或层间烧毁，线包外层无烧焦迹象。严重烧毁线包外层有烧焦迹象。对于烧毁故障，用万用表 $R\times1k$ 或 $R\times10k$ 挡测量引线两端电阻。如果测得电阻比正常电阻小很多，说明绕组严重烧毁短路。对于上述的烧毁故障，必须重新绕制绕组，具体做法：将骨架槽内烧焦物、废线全部清理干净，如果骨架槽底有轻度烧焦或局部变形疙瘩，可用小刀刮掉或用什锦锉锉掉，然后在槽内缠绕 $2\sim3$ 匝涤纶薄膜青壳纸作绝缘层。将骨架套进绕线机轴中，两端用螺母迫紧，找直径 $0.05mm$ 的 QA 型聚氨酯漆包线密绕 11000 匝（如果手头只有直径 $0.06mm$ 的 QZ-1 型漆包线也可使用，绕后只是耗用电流大一些，对使用性能无影响）。由于绕组用线的直径较细，绕线时绕速力求匀称，拉力适中，切忌一松一紧，以免拉断漆包线，同时还要注意漆包线勿打结。为了加强首末两端引线的抗拉强度，可将首末漆包线来回对折几次，再用手指捻成一根多股线，再将其缠绕在电源引线裸铜线上，不用刮漆，用松香焊牢即可。注意，切勿用酸性焊锡膏进行焊锡，否则日后使用漆包线容易锈蚀折断。绕组绕好了，再用万用表检查是否对准铆装点（四处），用锤子敲打尖冲子尾端，将前、后壳铆牢。通电试转一段时间、若转子转动正常，无噪声，外壳温升也正常，即可装机使用。

## 三、直流伺服电动机

### 1. 直流伺服电动机的工作原理

直流伺服电动机（简称直流伺服电机）的工作原理与普通直流电动机相同。但是从工作情况看，普通直流电动机多为长时间连续运行；而伺服电动机则经常正转、反转、停转等几种情况间断和交替进行。从控制方式看，普通直流电动机常用励磁控制；而伺服电动机则多用电枢控制。从职能看，普通电动机用于能量转换；而伺服电动机，则用于信息转换。

直流伺服电动机具有宽广的调速范围、机械性和调节特性的线性度较好、响应速度快、无自转现象等特点。

### 2. 小惯量直流伺服电机

（1）结构　小惯量电机的转子与一般直流电机的区别在于：其转子是光滑无槽的铁芯，用绝缘黏合剂直接把线圈粘在铁芯表面上，如图6-16所示；第二个区别是转子长而直径小，这是因为电机转动惯量和转子直径平方成正比。一般直流电机电枢由于磁通受到齿截面的限制不能做得很小，电枢没有齿和槽，也不存在轭部磁密的限制。这样，对同样磁通量来说，磁路截面即电枢直径与长度乘积就可缩小，所以从惯量出发，细长的电枢可以得到较小的惯量。

小惯量电机的定子结构采用图6-17所示的方形，增大了励磁线圈放置的有效面积。但由于是无槽结构、气隙较大，励磁和线圈匝数较大，故损耗大，发热厉害，为此采取措施是在极间安放船型挡风板，增加风压，使之带走较多的热量。而线圈外不包扎，形成赤裸线圈。

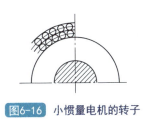

图6-16　小惯量电机的转子

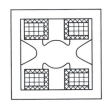

图6-17　小惯量电机的定子

（2）特点　显著的特点是转子呈扁平状，电枢长度和直径之比一般为0.2左右。它还有两个特点，第一个特点是能长期在低速状态下运行，第二个特点是能在长期堵转状态下运行。我们知道，一般电动机在堵转状态下运行是要烧毁的，但直流力矩电动机非但不会烧毁，反而仍能产生足够大的力矩。基于这两个特点，它就不需要经过齿轮传动和机床匹配，这就大大减小了整个系统的转动惯量，因此可快速响应，同时如同其他直流伺服电机一样，机械特性和调节特性线性度也好，所以在低速伺服系统和位置伺服系统中得到广泛应用。宽调速直流伺服电机还可同时在电机内装上测速发电机，实现增加速度反馈，除测速发电机外，还可在电机内部加装旋转变压器（或编码盘）及制动器。

### 3. 宽调速直流伺服电机

（1）结构　宽调速直流伺服电机的结构与一般的直流电机相似，按励磁方法不同可分为电励磁和永久磁铁励磁两种，电励磁的特点是励磁量便于调整，易于安排补偿绕组和换向器，所以电机的换向性能好、成本低，在较宽的速度范围内得到恒力矩特性。永久磁铁励磁一般无换向极和补偿绕组，其换向性能受到一定限制，但它不需要励磁功率，因此效率较高、电机低速时输出较大力矩。此外，这种结构的温升低,电机直径可以做得小一些,加上永磁材料性能在不断提高,成本也逐渐下降,因而这种结构用得较多。

(2)特点　永久磁铁励磁的宽调速直流伺服电机,定子采用矫顽力高、不易去磁的永磁材料,转子直径大并且有槽,因而热容量大。结构上又采取了通常凸极式和隐极式永磁电机磁路的组合,提高了电机气隙磁密。在电机尾部通常装有低纹波(纹波系数一般在2%以下)测速发电机。这类电机中具有代表性的产品如日本富士通公司FANUC电机,其结构如图6-18所示。

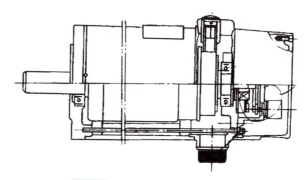

图6-18　宽调速直流伺服电机结构

### 4. 直流伺服电机的使用

(1)注意事项　直流伺服电机的启动电流远大于额定电流。由于启动过程很短,所以微型伺服电机允许带负载直接启动,但不允许长时间处于堵转状态。

电磁式电枢控制的伺服电机在使用时,要先接通励磁电源,然后再加电枢电压。运行中应尽量避免励磁绕组断电,以免引起电枢电流过大或造成电动机超速。

对永磁式直流电动机,尤其应避免受到过大浪涌电流的冲击,即使这种浪涌脉冲仅为微秒级,也可能导致主磁极去磁,使电动机失去原有的特性。

永磁式伺服电机需拆卸或将转子抽出时,应当用铁磁材料把永磁磁极短路,以防退磁而影响电机的性能。

(2)低速运行的不稳定性　从调节特性看,只要控制电压足够小,电机便可在相应的低速下运行。但实际上,当转速低于每分钟几十转时,实际转速就会不均匀,在一周内的不同角度处出现时快时慢,甚至暂停的现象。其原因是:实际电枢的绕组导线分布在圆周的各槽内,它沿圆周分配并不连续,因此,电枢反电势和电磁转矩都有脉动成分。这种成分在低速时的影响比较明显。

低速时控制电压数值小,电刷与换向器之间接触压降不稳定,导致电磁转矩不稳定。低速时电刷与换向器之间的摩擦力矩不稳定,导致电机输出转矩不稳定。因此,当系统要求电机在甚低转速运行时,需要在电机的控制电路中采取稳速措施，或者选用直流力矩电机或低惯量电机。

## 四、步进电机

### 1. 步进电机的工作原理

步进电机的工作原理是：当某相定子励磁后，它吸引转子，使转子的齿与该相定子磁极上的齿对齐。因此，步进电机的工作原理实际上是电磁铁的作用原理。如图6-19所示，是一种最简单的三相反应式步进电机。现以它为例来说明步进电机的工作原理。

图6-19（a）所示的步进电机有A、B、C三相，每相有两个磁极，转子也有两个磁极（两个齿）。当A相绕组通以直流电流时，转子的两极与A相的两个磁极齿对齐，使该相磁路的导磁最大。磁通回路如虚线所示。若A相断电，B相通电，为了使每相磁路的导磁最大，电磁力又使转子的两极与每相磁极齿对齐，即电磁力使转子沿顺时针方向转过60°。通常称步进电机绕组的通电状态每改变一次，其转子转过的角度为步距角。因此，图6-19（a）所示步进电机的步距角$\theta$等于60°。如果控制线路能不停地按A→B→C→A…的顺序送入电流脉冲，步进电机的转子便不停地沿顺时针方向转动。如果通电顺序为A→C→B→A…，同理，步进电机的转子就不停地沿逆时针方向转动。这种通电方式称为三相三拍。还有一种三相六拍的通电方式，它的通电顺序是，顺时针转动为A→AB→B→BC→C→CA→A→…逆时针转动为A→AC→C→CB→B→BA→A→…。

若以三相六拍通电方式工作，当A相通电转为A、B相同时通电时，转子的磁极将同时受到A相磁极和B相磁极的吸引力，因此，转子的磁极只好停在A、B两相磁极之间，这时它的步距角$\theta$等于30°。当由A、B相同时通电转为每相通电时，转子磁极再沿顺时针方向转30°与B相磁极对齐。其余以此类推。采用

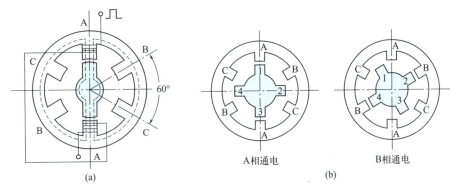

(a)　　　　　　　A相通电　　　　　　　B相通电
　　　　　　　　　　(b)

图6-19　步进电机的工作原理

三相六拍通电方式，可使步距角缩小一半。

图6-19（b）中的步进电机，定子仍是A、B、C三相，每相两极，但转子不是两个磁极而是四个。当A相通电时，1、3极与A相的两极对齐。很明显，当A相断电、B相通电时，2、4极将与B相两极对齐。这样一来，在三相三拍的通电方式中，步距角$\theta$等于30°，在三相六拍通电方式中，步距角$\theta$则为15°。

综上所述，可以得出如下结论：

① 步进电机定子绕组的通电状态每改变一次，它的转子便转过一个确定的角度，即步进电机的步距角$\theta$。

② 改变步进电机定子绕组的通电顺序，转子的旋转方向也随之改变。

③ 步进电机定子绕组通电状态的改变速度越快，其转子旋转的速度越快，即通电状态的变化频率越高，转子的转速越高。

④ 步进电机的步距角$\theta$与定子绕组的相数$m$、转子的齿数$z$、通电方式$k$有关，可用下式表示：

$$\theta = 360°/(mzk)$$

式中，三相三拍（即单拍）时，$k=1$；三相六拍（即双拍）时，$k=2$；其他依此类推。

对于单定子、径向分相、反应式伺服步进电机，当它以三相三拍通电方式工作时，其步距角为

$$\theta = 360°/(mzk) = 360°/3 \times 40 \times 1 = 3°$$

若按三相六拍通电方式工作，则步距角为

$$\theta = 360°/(mzk) = 360°/3 \times 40 \times 2 = 1.5°$$

### 2. 常见故障检修方法

常见故障及检修方法见表6-8。

表6-8 步进电机的常见故障及检修方法

步进电机的检测

| 故障现象 | 产生原因 | 检修方法 |
|---|---|---|
| 严重发热 | ① 使用时不符合规定<br>② 把六拍工作方式，用双三拍工作方式运行<br>③ 电动机的工作条件恶劣，环境温度过高，通风不良 | ① 按规定使用<br>② 按规定工作方式进行如确要将六拍改为双三拍使用，可先做温升试验，如温升过高可降低参数指标使用或改换电动机<br>③ 加强通风，改善散热条件 |
| 定子线圈烧坏 | ① 使用不慎，或作普通电动机接在220V工频电源上<br>② 高频电动机在高频下连续工作过长<br>③ 在用高低压驱动电源时，低压部分有故障，致使电动机长期在高压下工作<br>④ 长期温升较高的情况下运行 | ① 使用时注意电动机的类型<br>② 严格按照电动机工作制使用<br>③ 检修电源电路<br>④ 查明温升过高的原因 |

续表

| 故障现象 | 产生原因 | 检修方法 |
|---|---|---|
| 不能启动 | ① 工作方式不对<br>② 驱动电路故障<br>③ 遥控时，线路压降过大<br>④ 安装不正确，或电动机本身轴承、止口、扫镗等故障使电动机不转<br>⑤ N、S 极接错<br>⑥ 长期在潮湿场所存放，造成电动机部分生锈 | ① 按电动机说明书使用<br>② 检查驱动电路<br>③ 检查输入电压，如电压太低，可调整电压<br>④ 检查电动机<br>⑤ 改变接线<br>⑥ 检查清洗电动机 |
| 工作过程中停车 | ① 驱动电源故障<br>② 电动机线圈匝间短路或接地<br>③ 绕组烧坏<br>④ 脉冲信号发生器电路故障<br>⑤ 杂物卡住 | ① 检查驱动电源<br>② 按普通电动机的检查方法进行<br>③ 更换绕组<br>④ 检查有无脉冲信号<br>⑤ 清洗电动机 |
| 噪声大 | ① 电机运行在低频区或共振区<br>② 纯惯性负载、短程序、正反转频繁<br>③ 磁路混合式或永磁式转子磁钢退磁后以单步运行或在失步区<br>④ 永磁单向旋转步进电动机的定向机构损坏 | ① 消除齿轮间隙或其他间隙；采用尼龙齿轮；使用细分电路；使用阻尼器；以降低出力；采用隔音措施<br>② 改长程序并增加摩擦阻尼<br>③ 重新充磁<br>④ 修理定向机构 |
| 失步（或多步） | ① 负载过大，超过电动机的承载能力<br>② 负载忽大忽小<br>③ 负载的转动惯量过大，启动时失步，停车时过冲（即多步）<br>④ 传动间隙大小不均<br>⑤ 传动间隙中的零件有弹性变形（如绳传动）<br>⑥ 电动机工作在振荡失步区<br>⑦ 电路总清零使用不当<br>⑧ 定、转子相擦 | ① 换大电动机<br>② 减小负载，主要减小负载的转动惯量<br>③ 采用逐步升频加速启动，停车时采用逐步减频后再停车<br>④ 对机械部分采取消隙措施<br>采用电子间隙补偿信号发生器<br>⑤ 增加传动绳的张紧力，增加阻尼或提高传动零件的精度<br>⑥ 降低电压或增大阻尼<br>⑦ 在电动机执行程序的中途暂停时，不应再使用总清零键<br>⑧ 解决扫镗故障 |
| 无力或出力降低 | ① 驱动电源故障<br>② 电动机绕组内部接线错误<br>③ 电动机绕组碰壳，相间短路或线头脱落<br>④ 轴断<br>⑤ 气隙过大<br>⑥ 电源电压过低 | ① 检查驱动电源<br>② 用磁针检查每相磁场方向，接错的一相指针无法定位<br>③ 拧紧线头，对电动机绝缘及短路现象进行检查，无法修复时应更换绕组<br>④ 换轴<br>⑤ 换转子<br>⑥ 调整电源电压，使其符合要求 |

# 第七章 电工常用控制电路

## 第一节 常用建筑配电及照明电路

### 一、单开单控面板开关控制一盏灯接线

一个开关控制一盏灯，只要将电源、开关、电灯串联在一起就可以了。这样连接的灯只能被一个开关控制。电源接线要求是电源火线接在开关的L端上，开关的L1与控制灯的控制线连接；灯另一端与电源零线连接。开关要接在火线上，这样才能保证使用过程中的安全性。如图7-1所示。

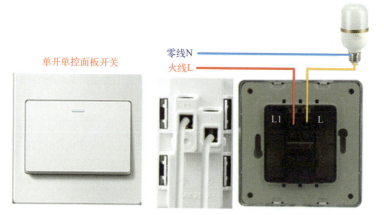

图7-1 单开单控面板开关控制一盏灯接线

### 二、双开单控面板开关控制两盏灯接线

双开单控面板开关控制两盏灯接线，把火线分别接面板开关L端、开关L1端和另外一个开关L1端接的负载灯线火线端。灯零线端接电源零线。平时维修时，如灯不亮，把两个L1位置对调一下就可以判断哪一个开关坏了。如图7-2所示。

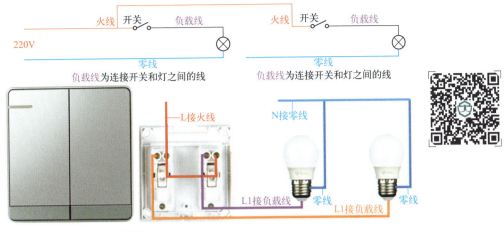

图7-2 双开单控面板开关控制两盏灯接线

## 三、单开双控面板开关控制一盏灯接线

单开双控面板开关指的是两个不同地方控制一盏灯,开关上会有L、L1、L2三个接线孔。接线时,火线直接进开关接L孔,零线直接接灯,双联接线分别接在两个开关L1、L2孔上,控制线一头接在另外一个开关的L孔上,并且连接到灯的火线接头端。如图7-3所示。

有的双控标注有com口,是用来短路火线和零线的,也就是说把两个开关的两个com口分别接到火线和零线上(相当于L端口)。

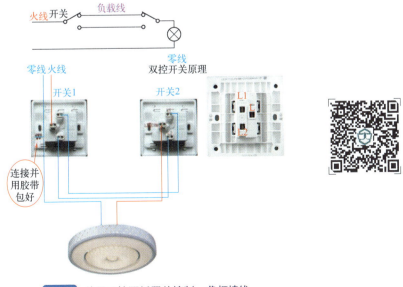

图7-3 单开双控面板开关控制一盏灯接线

## 四、声光控延时开关接线

三线制声光控延时开关,可以兼容多种光源,但要求有零线且必须连接零线,否则对于LED灯不能使用;而两线制声光控开关,一般只适用白炽灯或功率小、不超过20W的节能灯。三线制声光控延时开关接线如图7-4所示。

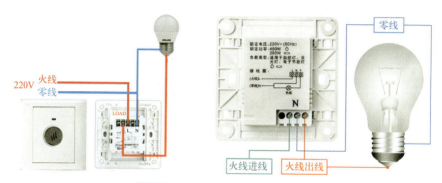

图7-4 三线制声光控延时开关接线

## 五、家庭暗装配电箱接线

暗装配电箱,配电箱嵌入墙内安装,在砌墙时预留孔洞应比配电箱的长和宽各大20mm左右,预留的深度为配电箱厚度加上洞内壁抹灰的厚度。在预埋配电箱时,箱体与墙之间填以混凝土即可把箱体固定住。在安装配电箱时注意如下事项:

① 家庭配电箱的箱体内接线汇流排应分别设立零线、保护接地线、相线,且要完好无损,具有良好绝缘。

② 家庭配电箱一般安装标高为1.8m,这样便于操作,同时进配电箱的PVC管必须用锁紧螺帽固定。

③ 断路器的安装标准导轨应光洁无阻并有足够安装断路器的空间。

④ 配电箱内的接线应规则、整齐,端子螺钉必须紧固。

⑤ 在配电箱线路安装时,各回路进线必须有足够长度,不得有接头,安装后断路器要标明各回路使用名称,同时家庭配电箱安装完成后须清理配电箱内的残留物。

暗装配电箱接线如图7-5所示。

## 六、单相电能表与漏电保护器的接线电路

选好单相电能表后,应进行检查安装和接线。如图7-6所示,1、3为进线,2、4接负载,接线柱1要接相线(即火线),漏电保护器多接在电表后端,这种电能

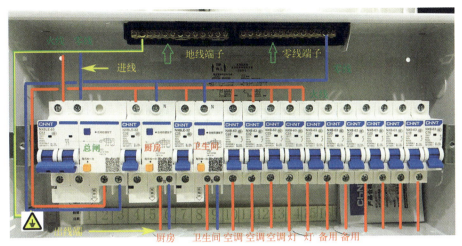

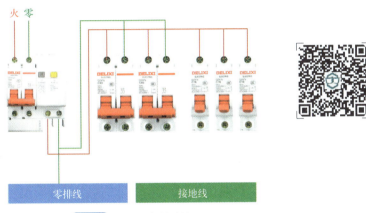

图7-5 暗装配电箱接线

表接线目前在我国应用最多。电路接线组装如图7-6所示。

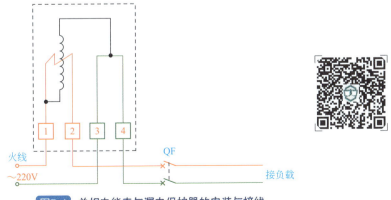

图7-6 单相电能表与漏电保护器的安装与接线

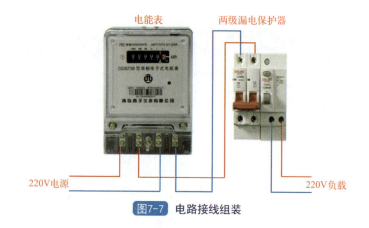

图7-7 电路接线组装

## 七、三相四线制交流电能表的接线电路

三相四线制交流电能表共有11个接线端子,其中1、4、7端子分别接电源相线,3、6、9是相线出线端子,10、11分别是中性线(零线)进、出线接线端子,而2、5、8为电能表三个电压线圈接线端子,电能表电源接上后,通过连接片分别接入电能表三个电压线圈,电能表才能正常工作。图7-8为三相四线制交流电能表的接线示意图。

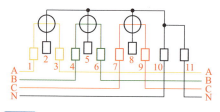

图7-8 三相四线制交流电能表的接线示意图

三相四线制交流电能表的接线电路如图7-9所示。

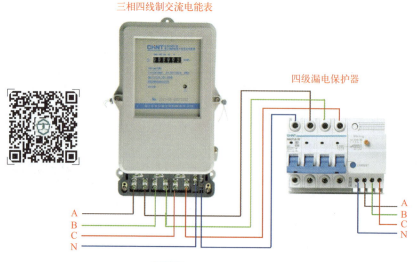

图7-9 三相四线制交流电能表的接线

## 八、三相三线制交流电能表的接线电路

三相三线制交流电能表有8个接线端子，其中1、4、6为相线进线端子，3、5、8为出线端子，2、7两个接线端子空着，目的是与接入的电源相线通过连接片取到电能表工作电压并接入电能表电压线圈。图7-10为三相三线制交流电能表接线示意图。

三相三线制交流电能表的接线电路如图7-11所示。

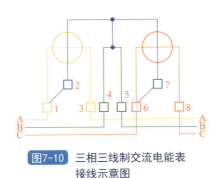

图7-10 三相三线制交流电能表接线示意图

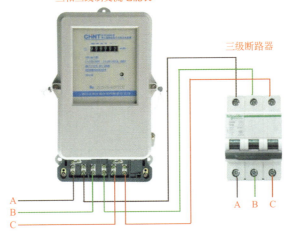

图7-11 三相三线制交流电能表的接线电路

## 第二节 常用电动机控制电路接线

### 一、电动机直接启动控制线路

电动机直接启动，其启动电流通常为额定电流的6～8倍，一般应用于小功率电动机。常用的启动电路由开关直接启动。电动机的容量低于电源变压器容量

20%时，才可直接启动，如图7-12所示。使用时，将空开推向闭合位置，则QF中的三相开关全部接通，电动机运转，如发现运转方向和我们所要求的相反，任意调整断路器下端两根电源线，则转向和前述相反。

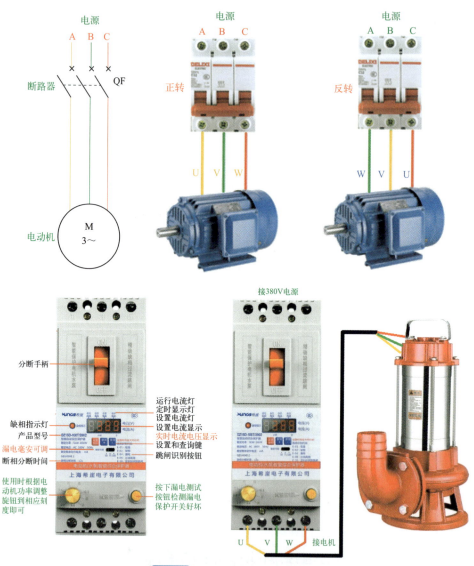

图7-12 电动机直接启动控制线路

## 二、带保护电路的直接启动自锁运行控制电路

带保护电路的直接启动自锁运行电路原理图如图7-13所示。

（1）启动　合上空开QF，按动启动按钮SB2，KM线圈得电后常开辅助触

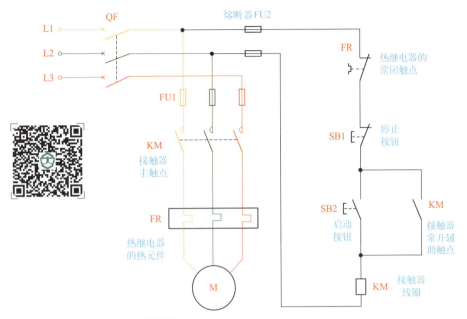

图7-13 带保护电路的直接启动自锁运行电路

点闭合，同时主触点闭合，电动机M启动连续运转。当松开SB2时，其常开触点恢复分断后，因为交流接触器KM的常开辅助触点闭合时已将SB2短接，控制电路仍保持接通，所以交流接触器KM继续得电，电动机M实现连续运转。像这种当松开启动按钮SB2后，交流接触器KM通过自身常开辅助触点而使线圈保持得电的作用叫做自锁（或自保）。与启动按钮SB2并联起自锁作用的常开辅助触点叫做自锁触点（或自保触点）。

（2）停止　按动停止按钮开关SB1，KM线圈断电，自锁辅助触点和主触点分断，电动机停止转动。当松开SB1，其常闭触点恢复闭合后，因交流接触器KM的自锁触点在切断控制电路时已分断，解除了自锁，SB2也是分断的，所以交流接触器KM不能得电，电动机M也不会转动。

（3）线路的保护设置

① 短路保护　由熔断器FU1、FU2分别实现主电路与控制电路的短路保护。

② 过载保护　电动机在运行过程中，长期负载过大、启动操作频繁或者缺相运行等原因，都可能使电动机定子绕组的电流增大，超过其额定值。在这种情况下，熔断器往往并不熔断，从而引起定子绕组过热使温度升高，若温度超过允许温升就会使绝缘损坏，缩短电动机的使用寿命，严重时甚至会使电动机的定子绕组烧毁。因此，采用热继电器对电动机进行过载保护。过载保护是指电动机出现过载时能自动切断电动机电源、使电动机停转的一种保护。

在照明、电加热等一般电路里，熔断器FU既可以用作短路保护，也可以用作过载保护。

但对三相异步电动机控制线路来说,熔断器只能用作短路保护。这是因为三相异步电动机的启动电流很大(全压启动时的启动电流能达到额定电流的4～7倍),若用熔断器作过载保护,则选择熔断器的额定电流就应等于或略大于电动机的额定电流,这样电动机在启动时,由于启动电流大大超过了熔断器的额定电流,熔断器会在很短的时间内爆断,造成电动机无法启动,所以熔断器只能用作短路保护,其额定电流应取电动机额定电流的1.5～3倍。

热继电器在三相异步电动机控制线路中只能用作过载保护,不能用作短路保护。这是因为热继电器的热惯性大,即热继电器的双金属片受热膨胀弯曲需要一定的时间。当电动机发生短路时,由于短路电流很大,热继电器还没来得及动作,供电线路和电源设备可能已经损坏;而在电动机启动时,由于启动时间很短,热继电器还未动作,电动机已启动完毕。总之,热继电器与熔断器两者所起作用不同,不能相互代替。

电路接线组装如图7-14所示。

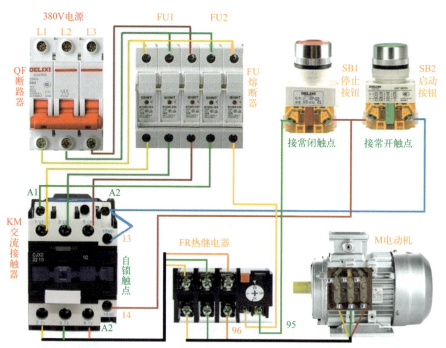

图7-14 带保护电路的直接启动自锁运行控制电路实物接线

### 三、电动机三个交流接触器控制Y-△降压启动控制电路

三个接触器控制Y-△降压启动电路如图7-15所示。从主回路可知,如果控

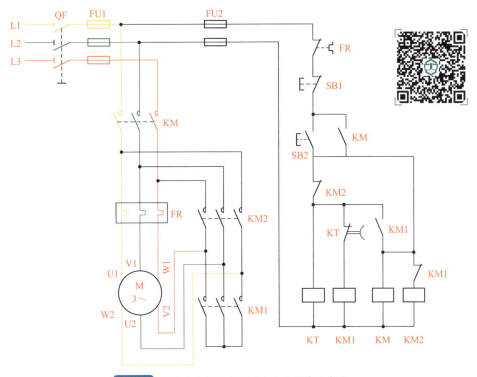

图7-15 三个交流接触器控制Y-△降压启动电路

制线路能使电动机接成星形（即KM1主触点闭合），并且经过一段延时后再接成三角形（即KM1主触点打开，KM2主触点闭合），电动机就能实现降压启动，而后再自动转换到正常速度运行。

控制线路的工作过程如下：

三个交流接触器控制Y-△降压启动电路运行实物接线主电路接线如图7-16，控制电路接线如图7-17所示。

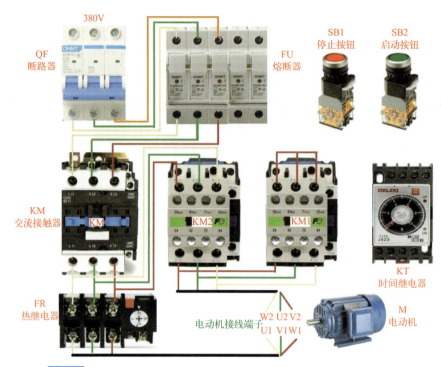

图7-16 三个交流接触器控制Y-△降压启动电路运行实物接线主电路接线

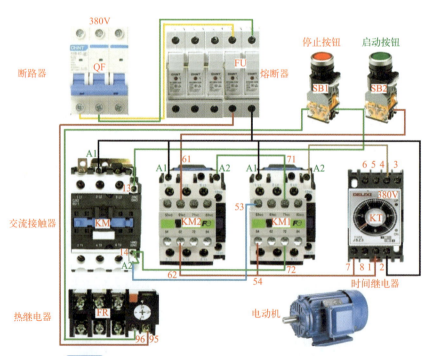

图7-17 三个交流接触器控制Y-△降压启动电路控制电路接线

## 四、三相电机正反转启动运行电路

电动机正反转启动运行电路如图7-18所示。按下SB2，正向接触器KM1得电动作，主触点闭合，使电动机正转。按下停止按钮SB1，电动机停止。按下SB3，反向接触器KM2得电动作，其主触点闭合，使电动机定子绕组与正转时的相序相反，则电动机反转。

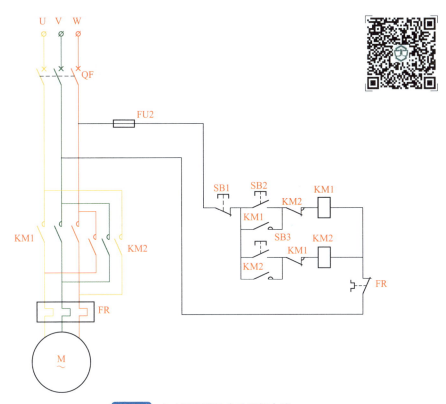

图7-18 电动机正反转启动运行电路

接触器的动断辅助触点互相串联在对方的控制回路中进行联锁控制。这样当KM1得电时，由于KM1的动作触点打开，使KM2不能通电。此时即使按下SB3按钮，也不能造成短路。反之也是一样。接触器辅助触点的这种互相制约关系称为"联锁"或"互锁"。

> **提示** 对于此种电路，如果电动机正在正转，想要反转，必须先按停止按钮SB1后，再按反向按钮SB3才能实现。

如图7-19和图7-20所示为电路主电路接线和控制电路接线实物图。

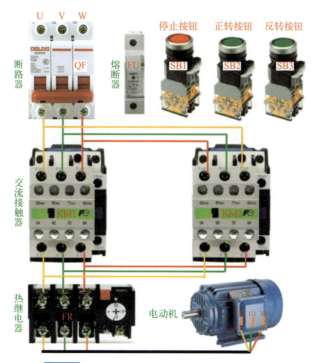

**图7-19** 电动机正反转启动运行电路主电路接线

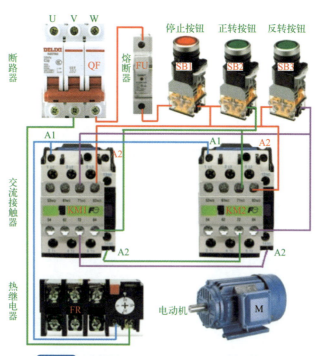

**图7-20** 电动机正反转启动运行电路控制电路接线

## 五、制动控制电路接线

电磁抱闸制动控制线路如图7-21所示。当按下按钮SB1时，接触器KM线圈获电动作，给电动机通电。电磁抱闸的线圈ZT也通电，铁芯吸引衔铁而闭合，同时衔铁克服弹簧拉力，使制动杠杆向上移动，让制动器的闸瓦与闸轮松开，电动机正常工作。按下停止按钮SB2之后，接触器KM线圈断电释放，电动机的电源被切断，电磁抱闸的线圈也断电，衔铁释放，在弹簧拉力的作用下使闸瓦紧紧抱住闸轮，电动机就迅速被制动停转。这种制动在起重机械上应用很广。当重物吊到一定高处，线路突然发生故障断电时，电动机断电，电磁抱闸线圈也断电，闸

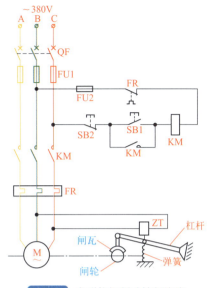

图7-21 电磁抱闸制动控制线路

瓦立即抱住闸轮，使电动机迅速制动停转，从而可防止重物掉下。另外，也可利用这一点使重物停留在空中某个位置上。

电动机电磁抱闸制动控制线路实物接线如图7-22所示。

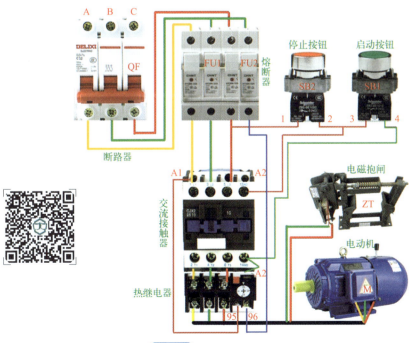

图7-22 电磁抱闸制动控制线路接线

## 六、单相双电容电动机正反转电路接线

### 1. 单相双电容电动机控制电路

单相双电容电动机原理图如图7-23所示。

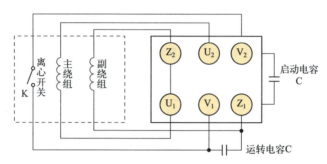

图7-23 单相双电容电动机原理图

图7-23表示电容启动式或电容启动/电容运转式单相电动机的内部主绕组、副绕组、离心开关和外部电容在接线柱上的接法。其中主绕组的两端记为$U_1$、$U_2$，副绕组的两端记为$Z_1$、$Z_2$，离心开关K的两端记为$V_1$、$V_2$。

这种电机的铭牌上一般都标有正转和反转的接法，如图7-24所示。

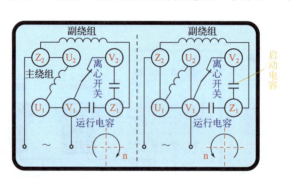

图7-24 电容启动/电容运转式单相电动机正反转接线图

### 2. 电容启动/电容运转式单相电动机正反转运行控制电路

在正转接法时，电路原理图如图7-25（a）所示。在反转接法时，电路原理图如图7-25（b）所示。比较图（a）和图（b）可知，正反转控制实际上只是改变副绕组的接法：正转接法时，副绕组的$Z_1$端通过启动电容和离心开关连到主绕组的$U_1$端；反转接法时，副绕组的$Z_2$端改接到主绕组的$U_1$端。改变主绕组接法同样可以实现电动机正反转。

### 3. 倒顺开关控制单相电动机正反转电路接线组装

电路实物接线如图7-26和图7-27所示。

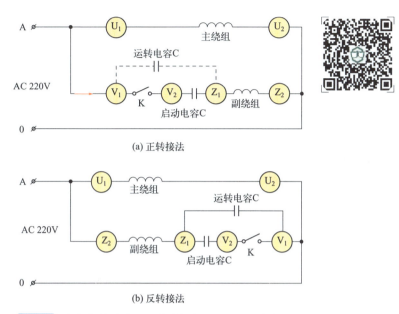

图7-25 电容启动/电容运转式单相电动机正反转接法原理

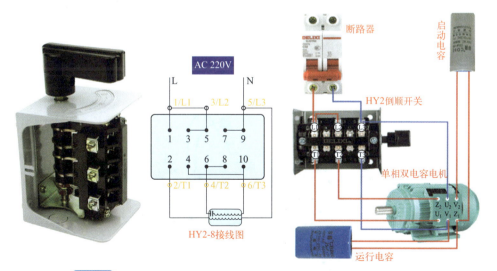

图7-26 正泰倒顺开关HY5-8单相220V正反转换开关控制单相电动机接线

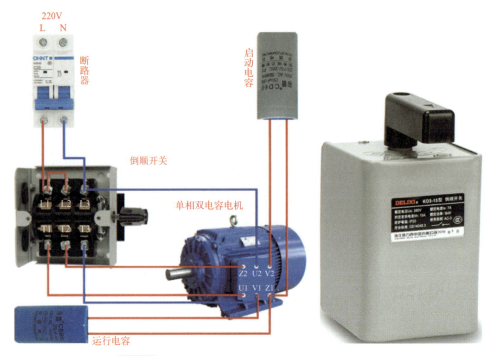

图7-27 德力西倒顺开关K03控制单相电动机实物接线

## 第三节 常用机床与机械设备控制电路分析与检修

### 一、CA6140型普通车床的电气控制电路

CA6140型普通车床外形如图7-28所示。

CA6140 普通车床电气控制电路

图7-28 CA6140型普通车床外形

CA6140型普通车床电气控制电路如图7-29所示。

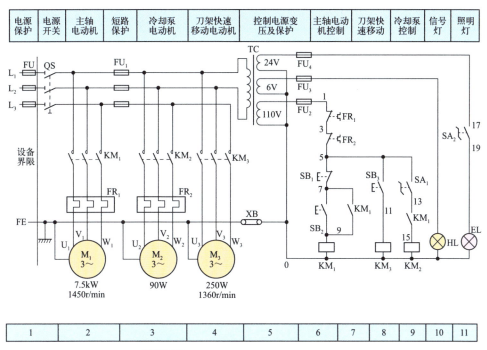

图7-29 CA6140型普通车床电气控制电路

（1）主回路　主回路中有3台控制电动机。

① 主轴电动机$M_1$，完成主轴主运动和刀具的纵横向进给运动的驱动。该电动机为三相电动机。主轴采用机械变速，正反向运行采用机械换向机构。

② 冷却泵电动机$M_2$，提供冷却液用。为防止刀具和工件的温升过高，用冷却液降温。

③ 刀架电动机$M_3$，为刀架快速移动电动机。根据使用需要，手动控制启动或停止。

电动机$M_1$、$M_2$、$M_3$容量都小于10kW，均采用全压直接启动。三相交流电源通过转换开关QS引入，接触器$KM_1$，控制$M_1$的启动和停止。接触器$KM_2$控制$M_2$的启动和停止。接触器$KM_3$控制$M_3$的启动和停止。$KM_1$由按钮$SB_1$、$SB_2$控制，$KM_3$由$SB_3$进行点动控制，$KM_2$由开关$SA_1$控制。主轴正反向运行由机械离合器实现。

$M_1$、$M_2$为连续运动的电动机,分别利用热继电器$FR_1$、$FR_2$作过载保护；$M_3$为短期工作电动机，因此未设过载保护。熔断器$FU_1$～$FU_4$分别对主回路、控制回路和辅助回路实行短路保护。

（2）控制回路　控制回路的电源为由控制变压器TC二次侧输出的110V电压。

① 主轴电动机$M_1$的控制。采用了具有过载保护全压启动控制的典型电路。按下启动按钮$SB_2$，接触器$KM_1$得电吸合，其常开触点$KM_1$（7-9）闭合自锁，$KM_1$的主触点闭合，主轴电动机$M_1$启动；同时其辅助常开触点$KM_1$（13-15）闭合，作为$KM_2$得电的先决条件。按下停止按钮$SB_1$，接触器$KM_1$失电释放，电动机$M_1$停转。

② 冷却泵电动机$M_2$的控制。采用两台电动机$M_1$、$M_2$顺序控制的典型电路，以满足当主轴电动机启动后，冷却泵电动机才能启动；当主轴电动机停止运行时，冷却泵电动机也自动停止运行。主轴电动机$M_1$启动后，接触器$KM_1$得电吸合，其辅助常开触点$KM_1$（13-15）闭合，因此合上开关$SA_1$，使接触器$KM_2$线圈得电吸合，冷却泵电动机$M_2$才能启动。

③ 刀架快速移动电动机$M_3$的控制。采用点动控制。按下按钮$SB_3$，$KM_3$得电吸合，对电动机$M_3$实施点动控制。电动机$M_3$经传动系统，驱动溜板带动刀架快速移动。松开$SB_3$，$KM_3$失电，电动机$M_3$停转。

④ 照明和信号电路。控制变压器TC的二次绕组分别输出24V和6V电压，作为机床照明灯和信号灯的电源。EL为机床的低压照明灯，由开关$SA_2$控制；HL为电源的信号灯。

（3）CA6140常见故障及排除方法

① 主轴电动机不能启动。

a. 电源部分故障。先检查电源的总熔断器$FU_1$的熔体是否熔断，接线头是否有脱落松动或过热（因为这类故障易引起接触器不吸合或时吸时不吸，还会使接触器的线圈和电动机过热等）。若无异常，则用万用表检查电源开关QS是否良好。

b. 控制回路故障。如果电源和主回路无故障，则故障必定在控制回路中。可依次检查熔断器$FU_2$以及热继电器$FR_1$、$FR_2$的常闭触点，停止按钮$SB_1$、启动按钮$SB_2$和接触器$FM_1$的线圈是否断路。

② 主轴电动机不能停车。这类故障的原因多数是接触器$FM_1$的主触点发生熔焊或停止按钮$SB_1$被击穿。

③ 冷却泵不能启动。冷却泵不能启动故障在笔者实际维修过程中多数为$SA_1$接触不良导致，用万用表进行检查。同时电动机$M_2$因与冷却液接触，绕组容易烧毁，用万用表或兆欧表测量绕组电阻即可判断。

## 二、摇臂钻床线路检修

Z3040型立式摇臂钻床电气控制线路原理图如图7-30所示。

在此电路图中，利用的是分区识图法，其中：①主电路部分处1～8区。

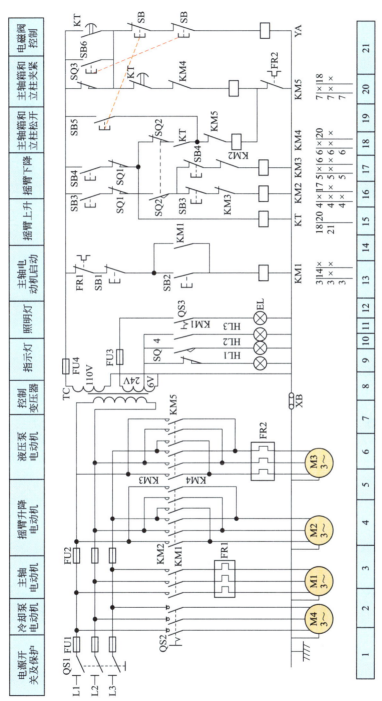

图7-30 Z3040型摇臂钻床电气控制线路原理图

②控制电路位处13～21区。③机床工作照明电路处8～12区。

### 1. 主电路分析

主电路中有4台电动机。其中M1是主轴电动机，带动主轴旋转和使主轴作轴向进给运动；电动机M1只作单方向旋转，主轴的正、反转用机械的方法来变换。M2是摇臂升降电动机，可作正、反向运行。M3是液压泵电动机，主要作用是供给夹紧装置压力油，实现摇臂和立柱的夹紧和松开，电动机M3可作正、反向运行。M4是冷却泵电动机，供给钻削时所需的切削液，电动机M4只作单方向旋转。

主电路电源电压为交流380V，控制电路电源电压为交流110V，照明电压为交流24V，信号灯电路电压为交流6V，均由控制变压器TC供给电源。

在安装机床电气设备时，应当注意三相交流电源的相序。如果三相电源的相序接错了，电动机的旋转方向就会与规定的方向不符，在开动机床时容易产生事故。Z3040摇臂钻床三相电源的相序可以用立柱的夹紧机构来检查。Z3040型摇臂钻床立柱的夹紧和放松动作有指示标牌指示。接通机床电源，然后按立柱夹紧或松开按钮，如果夹紧和松开动作与标牌的指示相符合，就表示三相电源的相序是正确的。如果夹紧与松开动作与标牌的指示相反，三相电源的相序一定是接错了。这时就应当断开总电源，把三相电源线中的任意两根相线对调即可。

### 2. 控制电路分析

① 主轴电动机M1的控制：按启动按钮SB2，接触器KM1线圈获电吸合，主轴电动机M1启动，指示灯HL3亮。

② 摇臂升降电动机M2和液压泵电动机M3的控制：按上升（或下降）按钮SB3（或SB4），时间继电器KT获电吸合，KT的瞬时闭合和延时断开动合触点闭合，接触器KM4和电磁铁YA同时获电，液压泵电动机M3旋转，供给压力油。压力油经2位6通阀进入摇臂松开油腔，推动活塞和菱形块，使摇臂松开。同时活塞杆通过弹簧片压住限位开关SQ2，SQ2的动断触点断开，接触器KM4断电释放，电动机M3停转。SQ2的动合触点闭合，接触器KM2（或KM3）获电吸合，摇臂升降电动机M2启动运转，带动摇臂上升（或下降）。如果摇臂没有松开，SQ2的动合触点不能闭合，接触器KM2（或KM3）也不能吸合，摇臂也就不会升降。当摇臂上升（或下降）到所需位置时，松开按钮SB3（或SB4），接触器KM2（或KM3）和时间继电器KT断电释放，电动机M2停转，摇臂停止升降。时间继电器KT的动断触点经1～3s延时后闭合，使接触器KM5获电吸合，电动机M3反转，供给压力油。压力油经2位6通阀进入摇臂夹紧油腔，向反方向推动活塞时菱形块自锁，使顶块压紧2个杠杆的小头，杠杆围绕轴转动，通过螺钉拉紧摇臂套筒，这样摇臂被夹紧在外立柱上。同时活塞杆通过弹簧片压住限位开

关SQ3，SQ3的动断触点断开，接触器KM5断电释放。同时KT的动合触点延时断开，电磁铁YA也断电释放，电动机M3断电停转。时间继电器KT的主要作用是控制接触器KM5的吸合时间，使电动机M2停转后，再夹紧摇臂。KT的延时时间视需要调整为1～3s，延时时间应视摇臂在电动机M2切断电源至停转前的惯性大小进行调整，应保证摇臂停止上升（或下降）后才进行夹紧。SQl是摇臂升（降）至极限位置时使摇臂升降电动机停转的限位开关，其2对动断触点需调整在同时接通位置，而动作时又须是1对接通，1对断开。摇臂的自动夹紧是由限位开关SQ3来控制的。当摇臂夹紧时，限位开关SQ3处于受压状态，SQ3的动断触点是断开的，接触器KM5线圈处于断电状态。当摇臂在松开过程中，限位开关SQ3就不受压，SQ3的动断触点处于闭合状态。

③ 立柱、主轴箱的松开和夹紧控制：立柱、主轴箱的松开或夹紧是同时进行的，按压松开按钮SB5（或夹紧按钮SB6），接触器KM4（或KM5）吸合。液压泵电动机获电旋转，供给压力油，压力油经2位6通阀（此时电磁铁YA处于释放状态）进入立柱夹紧及松开油缸和主轴箱夹紧及松开油缸，推动活塞和菱形块，使立柱和主轴箱分别松开（或夹紧），指示灯亮。

Z3040型摇臂钻床的主轴箱、摇臂和内外立柱三个运动部分的夹紧，均用安装在摇臂上的液压泵供油，压力油通过2位6通阀分配后送至各夹紧松开液压缸。分配阀安放在摇臂的电器箱内。

④ 冷却泵电动机M4的控制：冷却泵电动机M4由转换开关QS2直接控制。

### 三、搅拌机控制电路

#### 1. 电路原理图

JZ350型搅拌机控制电路如图7-31所示。

（1）搅拌电动机M1的控制电路　电动机M1的控制电路就是一个典型的按钮开关、交流接触器复合联锁正反转控制电路图。图中FU1是电动机短路保护，FR1是电动机过载保护，KM1为正转交流接触器，KM2为反转交流接触器。按启动按钮开关SB1，M1正转，搅拌机开始搅拌。

搅拌好后，按反转按钮开关SB2，搅拌机反转出料，按停止按钮开关SB5则停止出料。在新型的JZ系列搅拌机上，为了提高工作效率，加入了时间控制电路，搅拌到时后自动反转出料。

（2）进料斗提升电动机M2的控制电路　进料斗提升电动机M2的工作状态也是正反转状态，控制电路与M1基本相同，在M1电路基础上增加了位置开关S1、S2、S3的常闭触点，在电源回路增加一只交流接触器KM。位置开关S1、S2装在斜轨顶端，S2在下，S1在上；S3装在斜轨下端，开关位置可以调整，搅

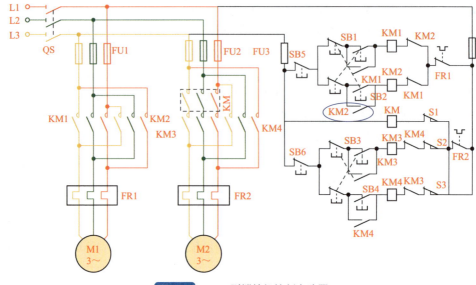

图7-31　JZ350型搅拌机控制电路图

拌机及料斗安好后，调整上下行程位置，使下行位置正好是料斗到坑底，上行位置料斗正好到顶部卸料位置。

运行过程中，料斗上升到顶部卸料位置，触动位置开关S2，电动机停转，同时电磁抱闸（图中未画出）工作，使料斗停止运行。卸料后按反转按钮开关SB4，料斗下行到坑底，触动位置开关S3，电动机停转。S1是极限位置开关，在S2开关上部，如果S2出现故障，料斗继续上行，触及S1，交流接触器KM线圈断电，主触点释放切断M2电源，防止料斗向上出轨。

2. 常见电气故障检修

① 搅拌机不能进入到启动时，先测量交流接触器KM2、KM1线圈电阻（正常约为几百欧姆），再测量以下几个常闭触点的电阻：串在KM2、KM1线圈回路中的常闭触点是否正常，如果不正常，则更换故障元件。

② 上料料斗不能上行或下行，重点检查行程开关S1或S2的常闭触点是否闭合好；如果S1和S2内常闭触点闭合好，则检查KM3与KM4线圈回路中的互锁常闭触点是否导通，如果不导通，则更换故障元件。

## 四、电葫芦（天车）电路

### 1. 电路原理

电葫芦（天车）实物图如图7-32所示。电葫芦是一种起重量较小、结构简单的起重设备，它由提升机构和移动机构（行车）两部分组成，由两台笼型电

# 第七章 电工常用控制电路

动机拖动。其中，M1是用来提升货物的，采用电磁抱闸制动，由接触器KM1、KM2进行正反转控制，实现吊钩的升降；M2是带动电葫芦作水平移动的，由接触器KM3、KM4进行正反转控制，实现左右水平移动。控制电路有4条，两条为升降控制，两条为移动控制。控制按钮SB1、SB2、SB3、SB4系悬挂式复合按钮，SA1、SA2、SA3是限位开关，用于提升和移动的终端保护。电路的工作原理与电动机正反转限位控制电路基本相同，其电气原理如图7-33所示。

电路原理图如图7-34所示。

图7-32　电葫芦（天车）实物图

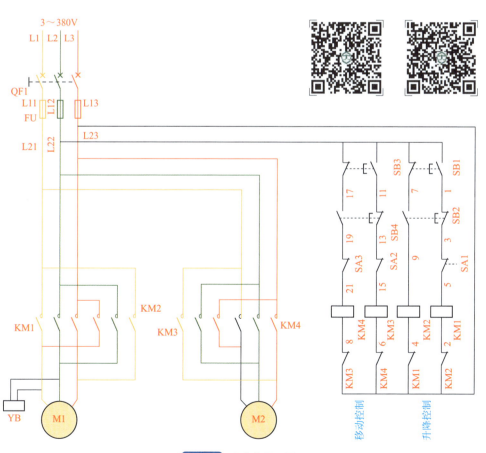

图7-33　电葫芦原理图

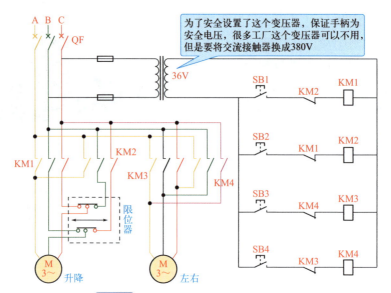

图7-34 带安全电压变压器的电葫芦电路

## 2. 电路接线组装

布线图如图7-35所示。控制器实物如图7-36所示，只有上下运动的为两个交流接触器，带左右运动的为四个交流接触器，电路相同。一般，起重电动机功

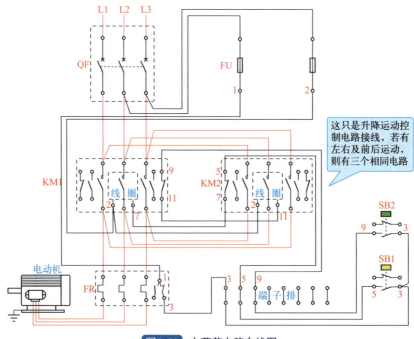

图7-35 电葫芦电路布线图

率大，交流接触器容量也大。

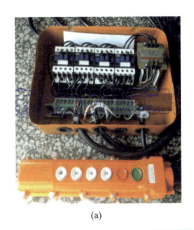
(a)

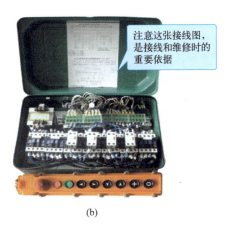
注意这张接线图，是接线和维修时的重要依据
(b)

图7-36 控制器实物图

### 3. 电路调试与检修

实际三相电葫芦电路是电动机的正反转控制，两个电动机电路中就有两个正反转控制电路，检修的方法是一样的。假如升降电动机不能够正常工作，首先用万用表检测KM1、KM2的触点、线圈是否毁坏，如果KM1、KM2触点线圈没有毁坏，检查接通断开的按钮开关SB1、SB2是否有毁坏现象，相应的开关是否毁坏，当元器件都没有毁坏现象，电动机仍然不转时，可以用万用表的电压挡测量输入电压是否正常，也就是主电路的输入电压是否正常，副路的输入电压是否正常。当输入输出电压不正常时，比如检测到SB2输入电压正常，输出不正常，则是SB2接触不良或损坏。当输入输出电压正常时，就要检查电动机是否毁坏，如果电动机毁坏就要维修或更换电动机。

# 第八章 变频器控制技术及应用

## 第一节 通用变频器的工作原理

### 一、变频器的基本结构

通用变频器的基本结构原理图如图8-1所示。由图可见，通用变频器由功率主电路和控制电路及操作显示三部分组成，主电路包括整流电路、直流中间电路、逆变电路及检测部分的传感器（图中未画出）。直流中间电路包括限流电路、滤波电路和制动电路，以及电源再生电路等。控制电路主要由主控制电路、信号检测电路、保护电路、控制电源和操作、显示接口电路等组成。

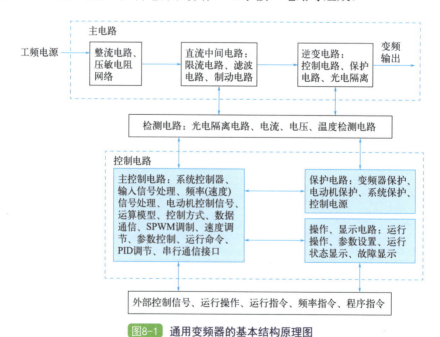

图8-1 通用变频器的基本结构原理图

高性能矢量型通用变频器由于采用了矢量控制方式，在进行矢量控制时需要进行大量的运算，其运算电路中往往还有一个以数字信号处理器DSP为主的转矩计算用CPU及相应的磁通检测和调节电路。应注意不要通过低压断路器来控制变频器的运行和停止，而应采用控制面板上的控制键进行操作。符号U、V、W是通用变频器的输出端子，连接至电动机电源输入端，应根据电动机的转向要求连接，若转向不对可调换U、V、W中任意两相的接线。输出端不应接电容器和浪涌吸收器，变频器与电动机之间的连线不宜超过产品说明书的规定值。符号RO、TO是控制电源辅助输入端子。PI和P（+）是连接改善功率因数的直流电抗器连接端子，出厂时这两点连接有短路片，连接直流电抗器时应先将其拆除再连接。

P（+）和DB是外部制动电阻连接端。P（+）和N（-）是外接功率晶体管控制的制动单元。其他为控制信号输入端。虽然变频器的种类很多，其结构各有所长，但大多数通用变频器都具有图8-1和图8-2所示给出的基本结构，它们的主要区别是控制软件、控制电路和检测电路实现的方法及控制算法等不同。

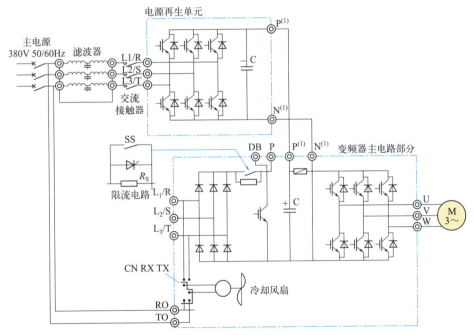

图8-2 通用变频器的主电路原理

## 二、通用变频器的控制原理及类型

### 1. 通用变频器的基本控制原理

众所周知，异步电动机定子磁场的旋转速度被称为异步电动机的同步转速。

这是因为当转子的转速达到异步电动机的同步转速时其转子绕组将不再切割定子旋转磁场,因此转子绕组中不再产生感应电流,也不再产生转矩,所以异步电动机的转速总是小于其同步转速,而异步电动机也正是因此而得名。

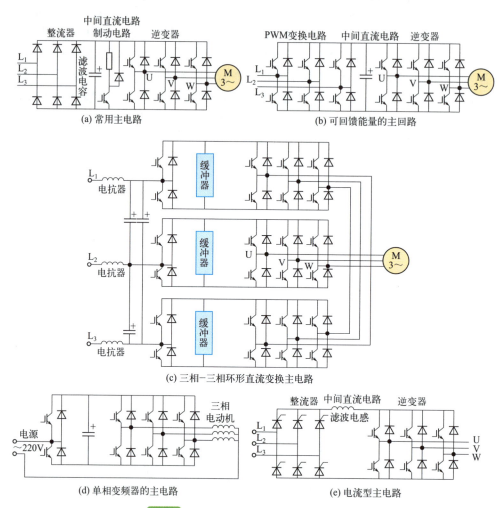

图8-3 通用变频器主电路的基本结构型式

电压型变频器的特点是将直流电压源转换为交流电源,在电压型变频器中,整流电路产生逆变器所需要的直流电压,并通过直流中间电路的电容进行滤波后输出。整流电路和直流中间电路起直流电压源的作用,而电压源输出的直流电压在逆变器中被转换为具有所需频率的交流电压。在电压型变频器中,由于能量回馈通路是直流中间电路的电容器,并使直流电压上升,因此需要设置专用直流单元控制电路,以利于能量回馈并防止换流元器件因电压过高而被破坏。有时还需要在电源侧设置交流电抗器抑制输入谐波电流的影响。从通用变频器主回路基本结构来看，大多数采用如图8-3（a）所示的结构，即由二极管整流器、直流中间电路与PWM逆变器三部分组成。

采用这种电路的通用变频器的成本较低，易于普及应用，但存在再生能量回馈和输入电源产生谐波电流的问题，如果需要将制动时的再生能量回馈给电源，并降低输入谐波电流，则采用如图8-3（b）所示的带PWM变换器的主电路，由于用IGBT代替二极管整流器组成三相桥式电路，因此，可让输入电流变成正弦波，同时，功率因数也可以保持为1。

这种PWM变换控制变频器不仅可降低谐波电流，而且可将再生能量高效率地回馈给电源。富士公司最近采用一种三相-三相环形直流变换电路，如图8-3（c）所示。三相-三相环形直流变换电路采用了直流缓冲器（RCD）和C缓冲器，使输入电流与输出电压可分开控制，不仅可以解决再生能量回馈和输入电源产生谐波电流的问题，而且可以提高输入电源的功率因数，减少直流部分的元件，实现轻量化。这种电路是以直流钳位式双向开关回路为基础的，因此可直接控制输入电源的电压、电流并可对输出电压进行控制。

另外，新型单相变频器的主电路如图8-3（d）所示，该电路与原来的全控桥式PWM逆变器的功能相同，电源电流呈现正弦波，并可以进行电源再生回馈，具有高功率因数变换的优点。该电路将单相电源的一端接在变换器上下电桥的中点上，另一端接在被变频器驱动的三相异步电动机定子绕组的中点上，因此，是将单相电源电流当作三相异步电动机的零线电流提供给直流回路；其特点是可利用三相异步电动机上的漏抗代替开关用的电抗器，使电路实现低成本与小型化，这种电路也广泛适用于家用电器的变频电路。

电流型变频器的特点是将直流电流源转换为交流电源。其中整流电路给出直流电源，并通过直流中间电路的电抗器进行电流滤波后输出，整流电路和直流中间电路起电流源的作用，而电流源输出的直流电流在逆变器中被转换为具有所需频率的交流电源，并被分配给各输出相，然后提供给异步电动机。在电流型变频器中，异步电动机定子电压的控制是通过检测电压后对电流进行控制的方式实现的。对于电流型变频器来说，在异步电动机进行制动的过程中，可以通过将直流中间电路的电压反向的方式使整流电路变为逆变电路，并将负载的能量回馈给电源。由于在采用电流控制方式时可以将能量直接回馈给电源，而且在出现负载短路等情况时也容易处理，因此电流型控制方式多用于大容量变频器。

### 2.通用变频器的类型

通用变频器根据其性能、控制方式和用途的不同，习惯上可分为通用型、矢量型、多功能高性能型和专用型等。通用型是通用变频器的基本类型，具有通用变频器的基本特征，可用于各种场合；专用型又分为风机、水泵、空调专用通用变频器（HVAC）、注塑机专用型、纺织机械专用机型等。随着通用变频器技术的发展，除专用型以外，其他类型间的差距会越来越小，专用型通用变频器会有较大发展。

（1）风机、水泵、空调专用通用变频器　风机、水泵、空调专用通用变频器是一种以节能为主要目的的通用变频器，多采用 $U/f$ 控制方式，与其他类型的通用变频器相比，主要在转矩控制性能方面是按降转矩负载特性设计的，零速时的启动转矩相比其他控制方式要小一些。几乎所有通用变频器生产厂商均生产这种机型。新型风机、水泵、空调专用通用变频器，除具备通用功能外，不同品牌、不同机型中还增加了一些新功能，如内置PID调节器功能、多台电动机循环启停功能、节能自寻优功能、防水锤效应功能、管路泄漏检测功能、管路阻塞检测功能、压力给定与反馈功能、惯量反馈功能、低频预警功能及节电模式选择功能等。应用时可根据实际需要选择具有上述不同功能的品牌、机型，在通用变频器中，这类变频器价格最低。特别需要说明的是，一些品牌的新型风机、水泵、空调专用通用变频器中采用了一些新的节能控制策略使新型节电模式节电效率大幅度提高，如台湾普传P168F系列风机、水泵、空调专用通用变频器，比以前产品的节电更好，以380V/37kW风机为例，30Hz时的运行电流只有8.5A，而使用一般的通用变频器运行电流为25A，可见所谓的新型节电模式的电流降低了不少，因而节电效率有大幅度提高。

（2）高性能矢量控制型通用变频器　高性能矢量控制型通用变频器采用矢量控制方式或直接转矩控制方式，并充分考虑了通用变频器应用过程中可能出现的各种需要，以满足应用需要，在系统软件和硬件方面都做了相应的功能设置，其中一个重要的功能特性是零速时的启动转矩和过载能力，通常启动转矩在150%～200%范围内，甚至更高，过载能力可达150%以上，一般持续时间为60s。这类通用变频器的特征是具有较好的机械特性和动态性能，即通常说的挖土机性能。在使用通用变频器时，可以根据负载特性选择需要的功能，并对通用变频器的参数进行设定；有的品牌的新机型根据实际需要，将不同应用场合所需要的常用功能组合起来，以应用宏编码形式提供，用户不必对每项参数逐项设定，应用十分方便；如ABB系列通用变频器的应用宏、VACON CX系列通用变频器的"五合一"应用等就充分体现了这一优点。也可以根据系统的需要选择一些选件以满足系统的特殊需要，高性能矢量控制型通用变频器广泛应用于各类机械装置，如机床、塑料机械、生产线、传送带、升降机械以及电动车辆等对调速系统和功能有较高要求的场合，性价比较高，市场价格略高于风机、水泵、空调专用通用变频器。

（3）单相变频器　单相变频器主要用于输入为单相交流电源的三相电流电动机的场合。所谓的单相通用变频器是单相进、三相出，是单相交流220V输入，三相交流220～230V输出，与三相通用变频器的工作原理相同，但电路结构不同，即单相交流电源→整流滤波变换成直流电源→经逆变器再变换为三相交流调压调频电源→驱动三相交流异步电动机。目前单相变频器大多是采用智能功率模块（IPM）结构，将整流电路，逆变电路，逻辑控制、驱动和保护或电源电路等集成在一个模块内，使整机的元器件数量和体积大幅度减小，使整机的智能化水平和可靠性进一步提高。

## 第二节 实用变频器应用与接线

### 一、标准变频器典型外部配电电路与控制面板

#### 1. 典型外围设备连接电路

典型外围设备和任意选件连接电路如图8-4所示。以下为电路中各外围设备的功能说明。

变频器的安装

变频器的接线

电机变频控制线路与故障排查

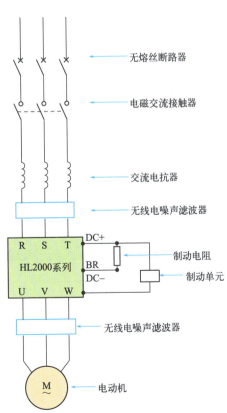

图8-4 典型外围设备和任意选件连接电路

（1）无熔丝断路器（MCCB） 用于快速切断变频器的故障电流，并防止变频器及其线路故障导致电源故障。

（2）电磁交流接触器（MC） 在变频器故障时切断主电源并防止掉电及故障后再启动。

（3）交流电抗器（ACL） 用于改善输入功率因数，降低高次谐波及抑制电源的浪涌电压。

（4）无线电噪声滤波器（NF） 用于减少变频器产生的无线电干扰（电动机变频器间配线距离小于20 m时，建议连接在电源侧，配线距离大于20 m时，连接在输出侧）。

（5）制动单元（UB） 制动力矩不能满足要求时选用，适用于大惯量负载及频繁制动或快速停车的场合。

ACL、NF、UB为任选件。常用规格的交流电压配备电感与制动电阻选配见表8-1、表8-2。

表8-1 交流电压配备电感选配表

| 电压/V | 功率/kW | 电流/A | 电感/mH | 电压/V | 功率/kW | 电流/A | 电感/mH |
|---|---|---|---|---|---|---|---|
| 380 | 1.5 | 4 | 4.8 | 380 | 22 | 46 | 0.42 |
| | 2.2 | 5.8 | 3.2 | | 30 | 60 | 0.32 |
| | 3.7 | 9 | 2.0 | | 37 | 75 | 0.26 |
| | 5.5 | 13 | 1.5 | | 45 | 90 | 0.21 |
| | 7.5 | 18 | 1.2 | | 55 | 128 | 0.18 |
| | 11 | 24 | 0.8 | | 75 | 165 | 0.13 |
| | 15 | 30 | 0.6 | | 90 | 195 | 0.11 |
| | 18.5 | 40 | 0.5 | | 110 | 220 | 0.09 |

表8-2 变频器制动电阻选配

| 电压/V | 电动机功率/kW | 电阻阻值/Ω | 电阻功效/mH | 电压/V | 电动机功率/kW | 电阻阻值/Ω | 电阻功效/mH |
|---|---|---|---|---|---|---|---|
| 380 | 1.5 | 400 | 0.25 | 380 | 22 | 30 | 4 |
| | 2.2 | 250 | 0.25 | | 30 | 20 | 6 |
| | 3.7 | 150 | 0.4 | | 37 | 16 | 9 |
| | 5.5 | 100 | 0.5 | | 45 | 13.6 | 9 |
| | 7.5 | 75 | 0.8 | | 55 | 10 | 12 |
| | 11 | 50 | 1 | | 75 | 13.6/2 | 18 |
| | 15 | 40 | 1.5 | | 90 | 20/3 | 18 |
| | 18.5 | 30 | 4 | | 110 | 20/3 | 18 |

（6）漏电保护器　由于变频器内部、电动机内部及输入/输出引线均存在对地静电容，又因HL2000系列变频器为低噪型，所用的载波较高，因此变频器的对地漏电较大，大容量机种更为明显，有时甚至会导致保护电路误动作。遇到上述问题时，除适当降低载波频率、缩短引线外还应安装漏电保护器。

> **提示**　安装漏电保护器应注意以下几点。漏电保护器应设于变频器的输入侧，置于MCCB之后较为合适；漏电保护器的动作电流应大于该线路在工频电源下不使用变频器时（漏电流线路、无线电噪声滤波器、电动机等漏电流的总和）的10倍。不同变频器辅助功能、设置方式及更多接线方式需要查看使用说明书。

### 2. 控制面板

控制面板上包括显示和控制按键及调整旋钮等部件，不同品牌的变频器其面板按键布局不尽相同，但功能大同小异。控制面板如图8-5所示。

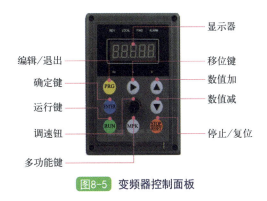

图8-5　变频器控制面板

## 二、单相220V进单相220V输出变频器用于单相电动机启动运行控制电路

### 1. 电路工作原理

单相220V进单相220V输出电路原理图如图8-6所示。由于电路直接输出220V，因此输出端直接接220V电动机即可，电动机可以是电容运行电动机，也可以是电感启动电动机。

它的输入端为220V直接接至L、N两端，输出端输出为220V，是由L1、N1端子输出的。当正常接线并正确设定工作项进入变频器的参数设定状态以后，电动机就可以按照正常工作项运行，对于外边的按钮开关、接点，某些功能是可以不接的，比如外部调整电位器，如果不需要远程控制，便不需要在外部端子上接调整电位器，而是直接使用控制面板上的电位器。PID功能如果外部没有压力、液位、温度调整和调速，只需要接电动机的正向运转就可以了，然后接调速电位器。

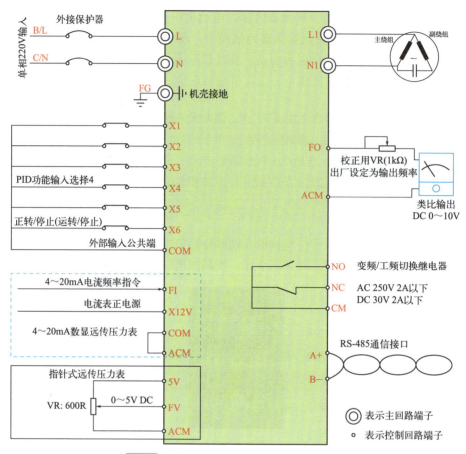

图8-6 单相220V进单相220V输出电路原理图

## 2. 接线组装

单相220V进单相220V输出变频器电路实际接线如图8-7所示。

图8-7 电路接线组装

单相变频器控制
电机启动运行电路

## 3. 调试与检修

当变频器出现问题后,直接用万用表测量输入电压,推上空开应该有输出电压,按动相关按钮开关以后,变频器应该有输出电压,若参数设置正确,应该是变频器的故障,可以更换或检测变频器。

## 三、单相220V进三相220V输出变频器用于单相220V电动机启动运行控制电路

### 1.电路工作原理

电路图如图8-8所示。由于使用单相220V输入,输出的是三相220V,所以正常情况下,接的电动机应该是一个三相电动机。注意应该是三相220V电动机。如果是把单相220V输入转三相220V输出,使用单相220V电动机的,只要把220V电动机接在输出端的U、V、W任意两相就可以,同样这些接线开关和一些选配端子要根据需要接上相应的,正转启动就可以了。可以是按钮开关,也可以是继电器进行控制,如果需要控制电动机的正反转启动,通过外配电路、正反转开关进行控制,电动机就可以实现正反转。如果需要调速,需要远程调速外接电位器,把电位器接到相应的端子就可以了。不需要远程电位器的,用面板上的电位器就可以了。

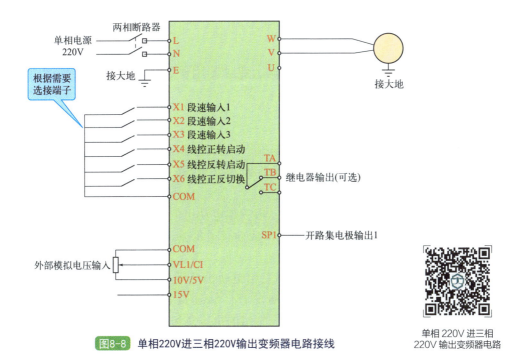

图8-8 单相220V进三相220V输出变频器电路接线

单相220V进三相220V输出变频器电路

## 2. 接线组装

单相220V进三相220V输出变频器电路实际接线如图8-9所示。

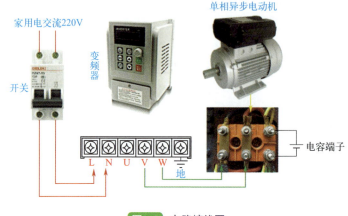

图8-9 电路接线图

## 3. 调试与检修

当出现故障的时候，用万用表检测它的输入端，若有电压，按相应的按钮开关或相应的开关，然后输出端应该有电压，如果输出端没有电压，这些按钮开关和相应的开关正常情况下，应该是变频器毁坏，应更换。

如果输入端有电压，按动相应的按钮开关，开关输出端有电压，电动机仍然不能正常工作或不能调速，应该是电动机毁坏，应更换或维修电动机。

## 四、单相220V进三相220V输出变频器用于380V电动机启动运行控制电路

### 1. 电路工作原理

单相220V进三相220V输出变频器用于380V电动机启动运行控制电路原理图如图8-10所示（注意：不同变频器的辅助功能、设置方式及更多接线方式需要查看使用说明书）。

220V进三相220V输出的变频器，接三相电动机的接线电路，所有的端子是根据需要来配定的，220V电动机上一般标有星角接，使用的是380V和220V的标识。当使用220V进三相220V输出的时候，需要将电动机接成220V的接法，接成角接。一般情况下，小功率三相电动机使用星接就为380V，角接为220V。当$U_1$、$V_1$、$W_1$接相线输入，$W_2$、$U_2$、$V_2$相接在一起形成中心点的时候，为星形接法。输入电压应该是两个绕组的电压之和，为380V。如果要接入220V变频器，应该变成角接，$U_1$接$W_2$、$V_1$接$U_2$、$W_1$接$V_2$，这样形成一个角

接，内部组成三角形，此时输入的是一个绕组承受一相电压，这样承受的电压是220V。

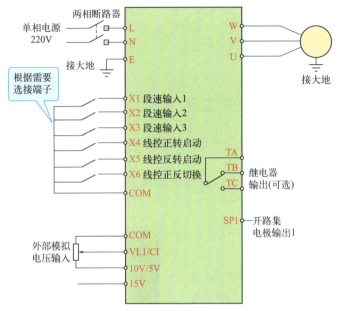

图8-10 单相220V进三相220V输出变频器用于380V电动机启动运行控制电路原理图

单相220V进三相220V输出变频器应用电路

## 2. 接线组装

单相220V进三相220V输出变频器用于380V电动机启动运行控制电路接线如图8-11所示。

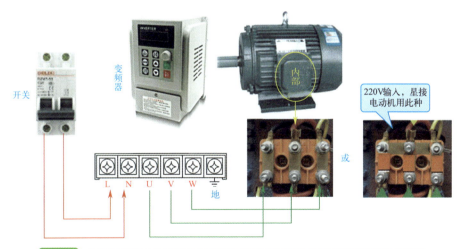

图8-11 单相220V进三相220V输出变频器用于380V电动机启动运行控制电路接线

### 3. 调试与检修

一般情况下，单相输入三相输出的变频器所带电动机功率较小，如果电动机上直接标出220V输入，则电动机输入线直接接变频器输出端子即可，如单相输入三相220V输出，380V星形接法需改220V三角形接法，否则电动机运行时无力，甚至带载时有停转现象。

## 知识拓展：电动机星形连接与三角形连接

电动机铭牌上会标有Y/△，说明电动机可以有两种接法，但工作电压不同。

（1）星形连接　它指所有的相具有一个共同的节点的连接。用符号"Y"表示，如图8-12所示。

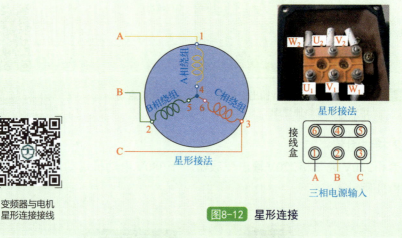

图8-12　星形连接

（2）三角形连接　它指三相连接成一个三角形的连接，其各边的顺序即各相的顺序。三相异步电动机绕组的三角形连接用符号"△"表示，如图8-13所示。

（3）两种接法电压值　可以看出，三角形接法时线电压等于相电压，线电流等于相电流的约1.73倍；电动机星形接法时线电压约等于相电压的1.73倍，线电流等于相电流。

（4）两种接法比较

① 三角形接法：有助于提高电动机功率，但启动电流大，绕组承受电压大，增大了绝缘等级。

② 星形接法：有助于降低绕组承受电压，降低绝缘等级，降低启动电

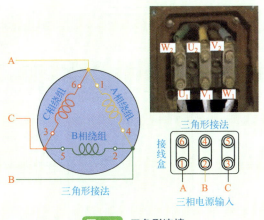

图8-13 三角形连接

流，但电动机功率减小。

在我国，一般3～4kW以下较小电动机都规定接成星形，较大电动机都规定接成三角形。当较大功率电动机轻载启动时，可采用Y-△降压启动（启动时接成星形，运行时换接成三角形），好处是启动电流可以降低到1/3。

> **注意**
> 某些电动机接线盒内直接引出三根线，又没有铭牌时，说明其内部已经连接好，引出线是接电源输入线的，遇到此种电动机接变频器时一定要拆开电动机，看一下内部接线是Y还是△（一般引出线接一根线的接线头，内部有一节点接线为三根的为Y，引出线接两根线的接线头，内部无单独的一节点接线的为△），再接入变频器。

## 五、单相220V进三相380V输出变频器电动机启动运行控制电路

单相220V进三相380V输出变频器电动机启动运行控制电路接线图如图8-14所示（提示：不同变频器的辅助功能、设置方式及更多接线方式需要查看使用说明书）。

输出是380V，因此可直接在输出端接电动机，对于电动机来说，单相变三相380V多为小型电动机，直接使用星形接法即可。

单相220V进三相380V输出变频器电动机启动运行控制电路实际接线图如图8-15所示。

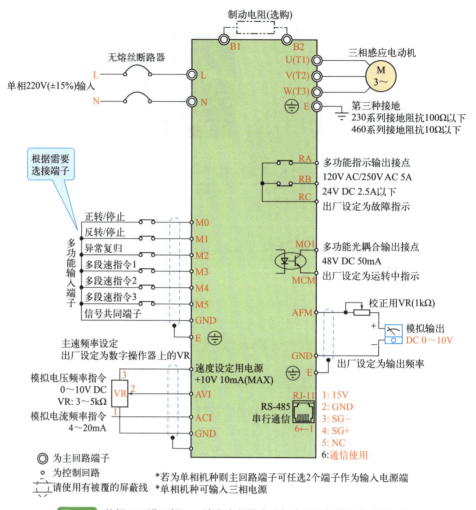

图8-14 单相220V进三相380V输出变频器电动机启动运行控制电路原理图

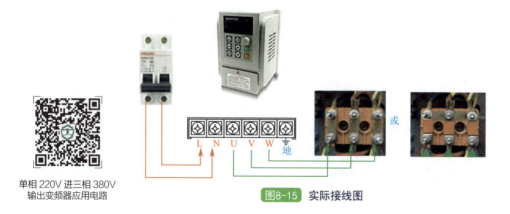

单相 220V 进三相 380V 输出变频器应用电路

图8-15 实际接线图

## 六、三相380V进380V输出变频器电动机启动控制电路

### 1.电路工作原理

三相380V进380V输出变频器电动机启动控制电路原理图如图8-16所示（注意：不同变频器的辅助功能、设置方式及更多接线方式需要查看使用说明书）。

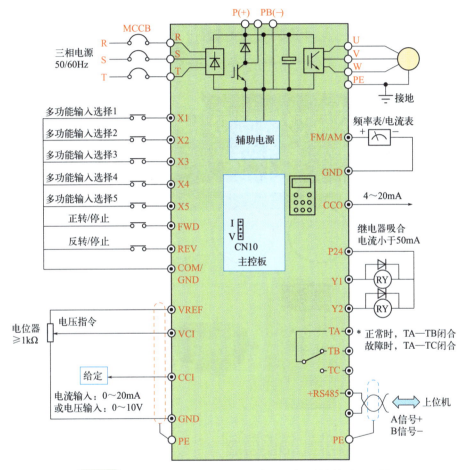

图8-16 三相380V进380V输出变频器电动机启动控制电路原理图

这是一套380V输入和380V输出的变频器电路，相对应的端子选择是根据所需要外加的开关完成的，如果电动机只需要正转启停，只需要一个开关就可以了，如果需要正反转启停，需要接两个端子、两个开关。需要远程调速时需要外接电位器，如果在面板上可以实现调速，就不需要接外接电位器。外配电路是根据功能接入的，一般情况下使用时，这些元器件可以不接，只要把电动机正确接入U、V、W就可以了。

主电路输入端子R、S、T接三相的输入，U、V、W三相电的输出接电动机，

一般在设备中接制动电阻，需要制动电阻卸放掉电能，电动机就可以停转。

### 2.接线组装

三相380V进380V输出变频器电动机启动控制电路实际组装接线图如图8-17所示。

图8-17 三相380V进380V输出变频器电动机启动控制电路实际组装接线图

三相变频器电机控制电路

### 3.调试与检修

接好电路后，由三相电接入空开，接入变频器的接线端子，通过内部变频正确的参数设定，由输出端子输出接到电动机。当此电路不能工作时，应检查空开的下端是否有电，变频器的输入端、输出端是否有电，当检查输出端有电时，电动机不能按照正常设定运转，应该通过调整这些输出按钮开关进行测量，因为不按照正确的参数设定,这个端子可能没有对应功能控制输出,这是应该注意的。如果输出端子有输出,电动机不能正常旋转,说明电动机出现故障,应更换或维修电动机。如果变频器输入电压显示正常,通过正确的参数设定或不能设定的参数,输出端没有输出,说明变频器毁坏,应该更换或维修变频器。

## 七、带有自动制动功能的变频器电动机控制电路

### 1.电路工作原理

带有自动制动功能的变频器电动机控制电路如图 8-18 所示。

(1) 外部制动电阻连接端子 [P(+)、DB]　一般小功率(7.5kW 以下)变频器内置制动电阻,且连接于 P(+)、DB 端子上,如果内置制动电流容量不足或要提高制动力矩,则可外接制动电阻。连接时,先从 P(+)、DB 端子上卸下内置制动电阻的连接线,并对其线端进行绝缘,然后将外部制动电阻接到 P(+)、DB 端子上,如图 8-18 所示。

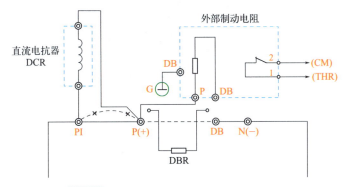

图8-18　外部制动电阻的连接(7.5kW以下)

(2) 直流中间电路端子 [P(+)、N(-)]　对于功率大于 15kW 的变频器,除外接制动电阻 DB 外,还需对制动特性进行控制,以提高制动能力,方法是增设用功率晶体管控制的制动单元 BU 连接于 P(+)、N(-) 端子,如图 8-19 所示(图中 CM、THR 为驱动信号输入端)。

### 2.接线组装

带有自动制动功能的变频器电动机控制电路实际接线如图 8-20 所示。

### 3.调试与检修

如果电动机不能制动,大多是制动电阻毁坏,当电动机不能制动,在检修时,应先设定它的参数,看参数设定是否正确,只有电动机的参数设定正确,不能制动,才能说明制动电阻出现故障。如果检测以后制动电阻没有故障,多是变

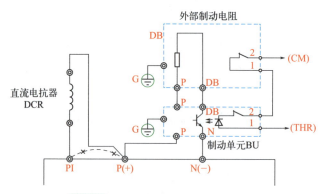

图8-19 直流电抗器和制动单元连接图

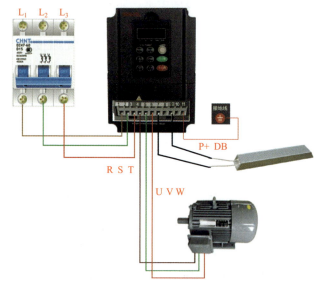

图8-20 带有自动制动功能的变频器电动机控制电路实际接线

频器毁坏,应该更换或维修变频器。

## 八、用开关控制的变频器电动机正转控制电路

### 1.电路工作原理

开关控制式正转控制电路如图8-21所示,它依靠手动操作变频器STF端子外接开关SA,来对电动机进行正转控制。

电路工作原理说明如下:

① 启动准备。按动按钮开关$SB_2$→交流接触器KM线圈得电→KM常开辅助触点和主触点均闭合→KM常开辅助触点闭合锁定KM线圈得电(自锁),KM主

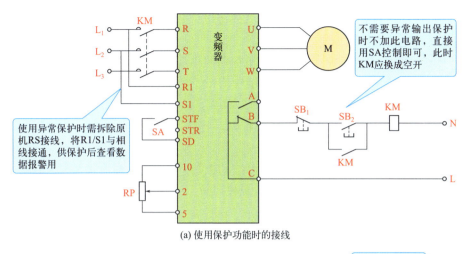

(a) 使用保护功能时的接线

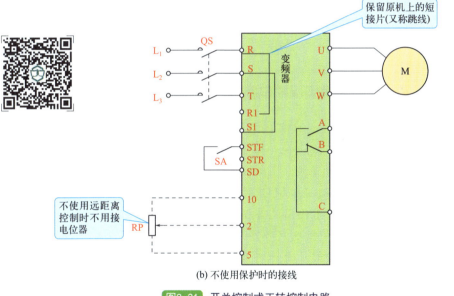

(b) 不使用保护时的接线

图8-21 开关控制式正转控制电路

触点闭合为变频器接通主电源。

**提示**　使用启动准备电路及使用异常保护时，需拆除原机RS接线，将R1/S1与相线接通，供保护后查看数据报警用，如不需要则不用拆除跳线，使用漏电保安器或空开直接供电即可。

② 正转控制。按动变频器STF端子外接开关SA，STF、SD端子接通，相当于STF端子输入正转控制信号，变频器U、V、W端子输出正转电源电压，驱动

电动机正向运转。调节端子10、2、5外接电位器RP，变频器输出电源频率会发生改变，电动机转速也随之变化。

③ 变频器异常保护。若变频器运行期间出现异常或故障，变频器B、C端子间内部等效的常闭开关断开，交流接触器KM线圈失电，KM主触点断开，切断变频器输入电源，对变频器进行保护。

④ 停转控制。在变频器正常工作时，将开关SA断开，STF、SD端子断开，变频器停止输出电源，电动机停转。

若要切断变频器输入主电源，可按动按钮开关$SB_1$，交流接触器KM线圈失电，KM主触点断开，变频器输入电源被切断。

> **提示** R1/S1为控制回路电源，一般内部用连接片与R/S端子相连接，不需要外接线，只有在需要变频器主回路断电（KM断开）、变频器显示异常状态或实现其他特殊功能时，才将R1/S1连接片与R/S端子拆开，用引线接到输入电源端。

## 知识拓展：变频器跳闸保护电路

在注意事项中，提到只有在需要变频器主回路断电（KM断开）、变频器显示异常状态或实现其他特殊功能时才将R1/S1连接片与R/S端子拆开，用引线接到输入电源端。实际在变频调速系统运行过程中，如果变频器或负载突然出现故障，可以利用外部电路实现报警。需要注意的是，报警的参数设定，需要参看使用说明书。

变频器跳闸保护是指在变频器工作出现异常时切断电源，保护变频器不被损坏。图8-22所示是一种常见的变频器跳闸保护电路。变频器A、B、C端子为异常输出端，A、C之间相当于一个常开开关，B、C之间相当于一个常闭开关，在变频器工作出现异常时，A、C接通，B、C断开。

电路工作过程说明如下：

① 供电控制　按动按钮开关$SB_1$，交流接触器KM线圈得电，KM主触点闭合，工频电源经KM主触点为变频器提供电源，同时KM常开辅助触点闭合，锁定KM线圈供电。按动按钮开关$SB_2$，交流接触器KM线圈失电，KM主触点断开，切断变频器电源。

② 异常跳闸保护　若变频器在运行过程中出现异常，A、C之间闭合，B、C之间断开。B、C之间断开使交流接触器KM线圈失电，KM主触点

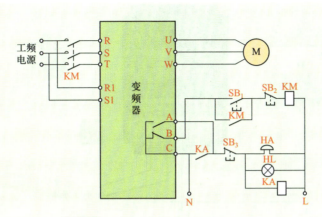

图8-22 一种常见的变频器跳闸保护电路

断开,切断变频器供电;A、C之间闭合使继电器KA线圈得电,KA触点闭合,振铃HA和报警灯HL得电,发出变频器工作异常声光报警。

按动按钮开关$SB_3$,继电器KA线圈失电,KA常开触点断开,HA、HL失电,声光报警停止。

③ 电路故障检修 当此电路出现故障时,主要用万用表检查$SB_1$、$SB_2$、KM线圈及接点是否毁坏,检查KA线圈及其接点是否毁坏,只要外部线圈及接点没有毁坏,就不会跳闸,不能启动时,若参数设定正常,说明变频器毁坏。

## 2.接线组装

用开关控制的变频器电动机正转控制电路如图8-23所示。

## 3.调试与检修

用继电器控制电动机的启停控制电路,如果不需要准备上电功能,只是用按钮开关进行控制,可以把R1、S1用短接线接到R、S端点,然后使用空开就可以,空开电流进来直接接R、S、T,输出端直接接电动机,可以用面板上的调整器,这样相当简单,在这个电路当中利用上电准备电路,然后给R、S、T接通电源,一旦按动$SB_2$后,SM接通,KM自锁,变频器启动输出三相电压。这种电路检修时,直接检查KM及按钮开关$SB_1$、$SB_2$是否毁坏,如果$SB_1$、$SB_2$没有毁坏,SA按钮开关也没有毁坏,不能驱动电动机旋转的原因是变频器毁坏,直接更换变频器即可。

(a) 用开关直接控制的启动电路

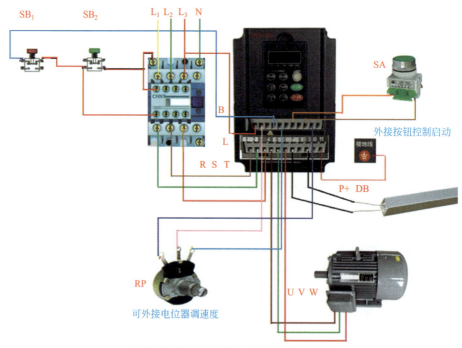

(b) 交流接触器上电控制的开关控制直接启动电路

图8-23 变频器电动机正转控制电路

## 第三节　变频器的维护与检修

通用变频器长期运行中，由于温度、湿度、灰尘、振动等使用环境的影响，内部零部件会发生变化或老化，为了确保通用变频器的正常运行，必须进行维护保养，维护保养还可分为日常维护和定期维护，定期维护检查周期一般为1年，维护保养项目与定期检查的标准以及常见故障检修方法可以扫描二维码学习。

变频器的维护与保养

变频器常见故障检修

# 第九章 可编程控制器（PLC）及应用技术

## 第一节 西门子 S7-1200 PLC 概述

S7-1200 PLC控制器使用灵活、功能强大，可用于控制各种各样的设备以满足自动化需求。S7-1200 PLC设计紧凑、组态灵活且具有功能强大的指令集，这些优势的组合使它成为控制各种应用的完美解决方案。

S7-1200 PLC是小型PLC，主要由CPU模块、信号板、信号模块、通信模块和编程软件组成，各种模块安装在标准的DIN导轨上，如图9-1所示。S7-1200 PLC的硬件组成具有高度的灵活性，用户可以根据自身需求确定PLC的结构，系统扩展十分方便。PLC基本工作原理与编程语言、硬件结构与工作模式等内容可以扫描二维码详细学习。

通信模块　　CPU模块　　信号模块

图9-1　S7-1200 PLC的硬件模块

## 第二节 博途软件及应用

博途软件（TIA Portal）是全集成自动化软件。它是西门子工业自动化集团研发的新一代全集成自动化软件，软件功能强大，几乎适应于所有自动化任务。

博途软件（TIA Portal）效率极高，可以在机械或工厂的整个生命周期（涵盖规划与设计、组态与编程，直至调试、运行和升级等各个阶段）为用户提供全方位支持。SIMATIC软件具备优秀的集成能力和统一接口，在整个组态设计过程中，均可以实现优异的数据一致性。

为了方便读者学习，博途软件的功能、组成、安装与使用方法等内容可以通过扫描二维码下载学习。

### 一、博途软件的功能

博途软件的安装

### 二、博途软件的组成

博途软件及应用

### 三、博途软件的安装要求

博途软件的组态

### 四、博途软件的安装步骤

博途软件的使用

### 五、博途软件的使用方法

## 第三节　西门子 S7-1200 PLC 编程基础

西门子 S7-1200 PLC 的操作系统包含在每一个 CPU 中，管理所有与特定控制任务无关的 CPU 的功能和序列。主要任务有处理暖启动、更新输入和输出过程映像、调用用户程序、检测中断和调用中断 OB、检测和处理错误、管理存储器。操作系统是 CPU 的组件，交付时已安装在其中。

西门子 S7-1200 PLC 的用户程序、编程方式、使用库等知识可扫二维码详细学习。

### 一、用户程序

### 二、编程方式

### 三、使用库

## 第四节　西门子 S7-1200 PLC 编程语言与指令系统

LAD 编程语言、SLC 编程语言指令系统与编程实例可扫二维码详细学习（也可参考附录视频教学反复学习）。

# 第九章 可编程控制器（PLC）及应用技术

## 第五节　PLC控制电路接线与调试、检修

### 一、PLC控制三相异步电动机启动电路

#### 1. 电路原理

PLC控制电动机启动电路如图9-2所示。

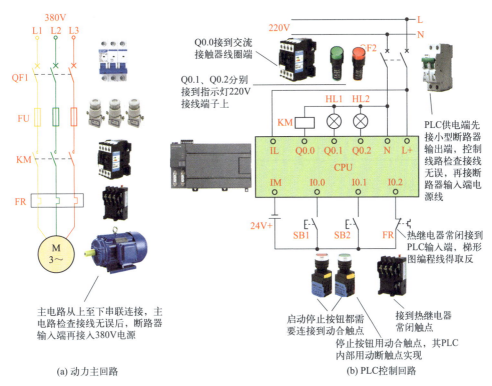

(a) 动力主回路　　　　　　　　　　　　(b) PLC控制回路

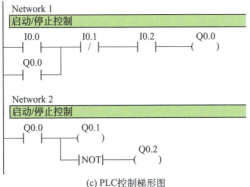

(c) PLC控制梯形图

图9-2　PLC控制三相异步电动机启动电路

控制过程：通过启动控制按钮SB1给西门子S7-1200 PLC启动信号，在未按下停止控制按钮SB2以及热继电器常闭触点FR未断开时，西门子S7-1200 PLC输出信号控制接触器KM线圈带电，其主触点吸合使电动机启动，按下启动按钮HL1灯亮，按下停止按钮HL2灯亮。

2. 输入/输出元件及控制功能

根据原理及控制要求，列出PLC的I/O资源分配表（表9-1）。

表9-1　I/O资源分配表

| 名称 | 序号 | 位号 | 符号 | 说明 |
|---|---|---|---|---|
| 输入点 | 1 | I0.0 | SB1 | 启动按钮信号 |
| | 2 | I0.1 | SB2 | 停止按钮信号 |
| | 3 | I0.2 | FR | 热继电器辅助触点 |
| 输出点 | 1 | Q0.0 | KM | 接触器 |
| | 2 | Q0.1 | HL1 | 启动指示灯 |
| | 3 | Q0.2 | HL2 | 停止指示灯 |

3. 电路接线与调试

按照图9-2所示正确接线：先接动力主回路，它是从380V三相交流电源小型断路器QF1的输出端开始（出于安全考虑，L1、L2、L3最后接入），经熔断器、交流接触器KM的主触点，热继电器FR的热元件到电动机M的三个接线端U、V、W的电路，用导线按顺序串联起来。

主电路连接完整无误后，再连接PLC控制回路。它是从220V单相交流电源小型断路器QF2输出端（L、N电源端最后接入）供给PLC电源，同时L亦作为PLC输出公共端。常开按钮SB1、SB2以及热继电器的常闭辅助触点均连至PLC的输入端。PLC输出端直接连到接触器KM的线圈与启动指示灯HL1、停止指示灯HL2相连。

接好线路，必须再次检查无误后，方可进行通电操作。顺序如下：

① 合上小型断路器QF1、QF2，按柜体电源启动按钮，启动电源。
② 连接好电脑和PLC的传输电缆，将编好的程序下载到PLC中。
③ 按启动按钮SB1，对电动机M进行启动操作。
④ 按停止按钮SB2，对电动机M进行停止操作。

## 二、PLC控制三相异步电动机串电阻降压启动

1. 电路原理

PLC控制三相异步电动机串电阻降压启动电路如图9-2所示。

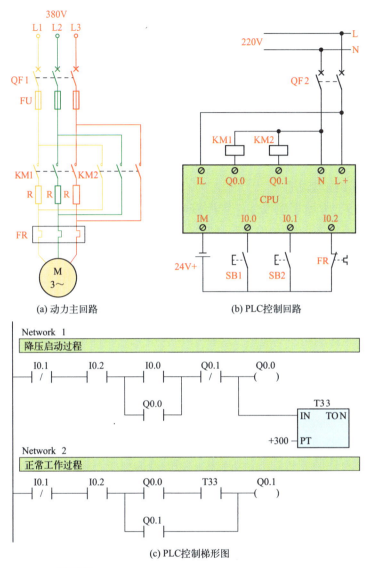

图9-2 PLC控制三相异步电动机串电阻降压启动电路

控制过程：通过启动控制按钮SB1给西门子S7-1200 PLC启动信号，在未按下停止控制按钮SB2以及热继电器常闭触点FR未断开时，西门子S7-1200 PLC输出信号控制交流接触器KM1线圈通电，其主触点吸合使电动机降压启动。到$N$秒定时后，交流接触器KM2线圈通电，同时使交流接触器KM1线圈失电，至此异步电动机正常工作运行，降压启动完毕。

2. 输入/输出元件及控制功能

根据原理及控制要求，列出PLC的I/O资源分配表（表9-2）。

表9-2　I/O资源分配表

| 名称 | 序号 | 位号 | 符号 | 说明 |
|---|---|---|---|---|
| 输入点 | 1 | I0.0 | SB1 | 启动按钮信号 |
|  | 2 | I0.1 | SB2 | 停止按钮信号 |
|  | 3 | I0.2 | FR | 热继电器辅助触点 |
| 输出点 | 1 | Q0.0 | KM1 | 接触器1 |
|  | 2 | Q0.1 | KM2 | 接触器2 |
| 定时器 | 1 | T33 | KT | 延时 $N$ 秒 |

### 3. 电路接线与调试

按照图9-2所示正确接线：主回路电源接三极小型断路器输出端L1、L2、L3，供电线电压为380V，PLC控制回路电源接二极小型断路器L、N，供电电压为220V。接线时，先接动力主回路，它是从380V三相交流电源小型断路器QF1的输出端开始（L1、L2、L3最后接入），经熔断器、交流接触器的主触点（KM1、KM2主触点各相分别并联）、板式电阻、热继电器FR的热元件到电动机M的三个接线线端U、V、W的电路，用导线按顺序串联起来。

主电路连接完整无误后，再连接PLC控制回路，它是从220V单相交流电源小型断路器QF2输出端L、N供给PLC电源（L、N电源端最后接入），同时L亦作为PLC输出公共端。按钮SB1、SB2以及热继电器的常闭辅助触点均连至PLC的输入端。PLC输出端直接和接触器KM1、KM2的线圈相连。

接好线路，经再次检查无误后即进行通电操作。顺序如下：

① 合上小型断路器QF1、QF2，按柜体电源启动按钮，启动电源。

② 连接好电脑和PLC的传输电缆，将编好的程序下载到PLC中。

③ 按启动按钮SB1，对电动机M进行启动操作，注意电动机和接触器的KM1、KM2的运行情况。

④ 按停止按钮SB2，对电动机M进行停止操作，注意电动机和接触器的KM1、KM2的运行情况。

## 三、PLC控制三相异步电动机Y-△启动

### 1. 电路原理

PLC控制三相异步电动机Y-△启动电路如图9-3所示。

控制原理：电动机启动时，把定子绕组接成星形，以降低启动电压，减小启动电流；待电动机启动后，再把定子绕组改接成三角形，使电动机全压运行。Y-△启动只能用于正常运行时为△形接法的电动机。

控制过程：当按下启动按钮SB1时，系统开始工作，接触器KM、KMY的

线圈同时得电，接触器KMY的主触点将电动机接成星形并经过KM的主触点接至电源，电动机降压启动。当PLC内部定时器KT定时时间到N秒时，控制KMY线圈失电，KMD线圈得电，电动机主回路换成三角形接法，电动机投入正常运转。

## 2. 输入/输出元件及控制功能

根据原理及控制要求，列出PLC的I/O资源分配表（表9-3）。

表9-3 I/O资源分配

| 名称 | 序号 | 位号 | 符号 | 说明 |
|---|---|---|---|---|
| 输入点 | 1 | I0.0 | SB1 | 启动按钮 |
| | 2 | I0.1 | SB2 | 停止按钮 |
| | 3 | I0.3 | FR | 热继电器辅助触点 |
| 输出点 | 1 | Q0.0 | KM | 正常工作控制接触器 |
| | 2 | Q0.1 | KMY | Y形启动控制接触器 |
| | 3 | Q0.3 | KMD | △形启动控制接触器 |
| 定时器 | 1 | T33 | KT | 延时N秒 |
| 辅助位 | 1 | N0.0 | M0.0 | 启动控制位 |

## 3. 电路接线与调试

按照图9-3所示正确接线：主回路电源接三极小型断路器输出端，供电线电

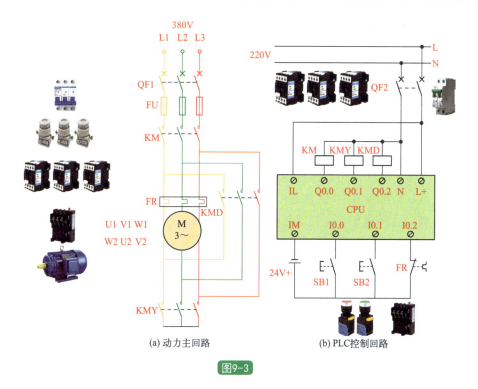

(a) 动力主回路　　　　　　(b) PLC控制回路

图9-3

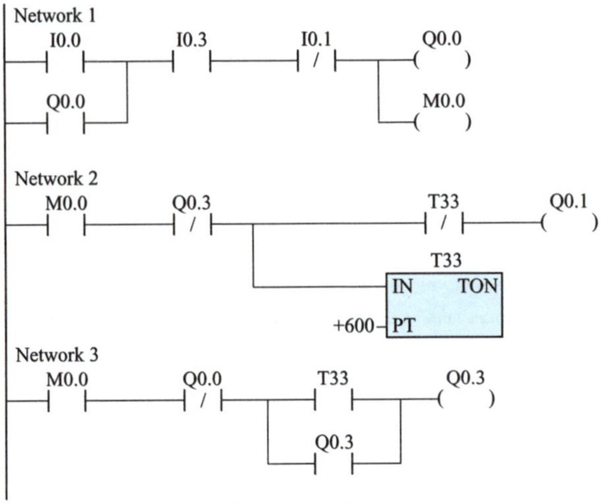

(c) PLC控制梯形图

图9-3 PLC控制三相异步电动机在Y-△启动电路

压为380V，PLC控制回路电源接二极小型断路器L、N，供电电压为220V。

先接动力主回路，它从380V三相交流电源小型断路器QF1的输出端开始（L1、L2、L3最后接入），经熔断器、交流接触器的主触点、热继电器FR的热元件到电动机M的六个线端U1、V1、W1和W2、U2、V2的电路，用导线按顺序串联起来。

主电路连接完整无误后，再连接PLC控制回路，它从220V单相交流电源小型断路器QF2输出端供给PLC电源，同时L亦作为PLC输出公共端。常开按钮SB1、SB2均连至PLC的输入端。PLC输出端直接和接触器KM、KMY、KMD的线圈相连。

接好线路，再次检查接线无误，方可进行通电操作。顺序如下：
① 合上小型断路器QF1、QF2，按柜体电源启动按钮，启动电源。
② 连接好电脑和PLC的传输电缆，将编好的程序下载到PLC中。
③ 按启动按钮SB1，需注意电动机和接触器的KM、KMY、KMD的运行情况。
④ 按停止按钮SB2，注意电动机和接触器的KM、KMY、KMD的停止运行情况。

## 四、PLC控制三相异步电动机顺序启动

### 1. 电路原理

利用PLC定时器来实现控制电动机的顺序启动，电路原理如图9-4所示。

控制过程：按下启动按钮SB1，系统开始工作，PLC控制输出接触器KM1

# 第九章 可编程控制器（PLC）及应用技术

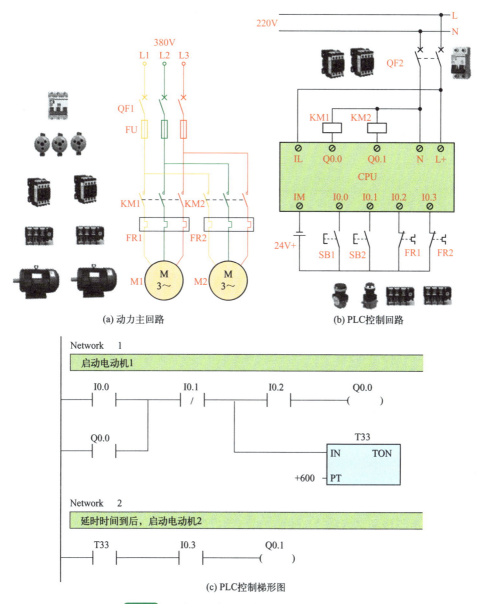

(a) 动力主回路　　(b) PLC控制回路

(c) PLC控制梯形图

图9-4　PLC控制三相异步电动机的顺序启动电路

的线圈得电，其主触点将电动机M1接至电源，M1启动。同时定时器开始计时，当定时器KT定时到N秒时，PLC输出控制接触器KM2的线圈得电，其主触点将电动机M2接至电源，M2启动。当按下停止按钮SB2，电机M1、M2同时停止。

2. 输入/输出元件及控制功能

根据原理及控制要求，列出PLC的I/O资源分配表（表9-4）。

表9-4　I/O资源分配表

| 名称 | 序号 | 位号 | 符号 | 说明 |
|---|---|---|---|---|
| 输入点 | 1 | I0.0 | SB1 | 启动按钮 |
|  | 2 | I0.1 | SB2 | 停止按钮 |
|  | 3 | I0.2 | FR1 | 热继电器1辅助触点 |
|  | 4 | I0.3 | FR2 | 热继电器2辅助触点 |
| 输出点 | 1 | Q0.0 | KM1 | 接触器1 |
|  | 2 | Q0.1 | KM2 | 接触器2 |
| 定时器 | 1 | T33 | KT | 延时 $N$ 秒 |

#### 3. 电路接线与调试

按照图9-4所示正确接线：主回路电源接三极小型断路器输出端，供电线电压为380V，PLC控制回路电源接二极小型断路器，供电电压为220V。接线时，先接动力主回路，它是从380V三相交流电源小型断路器QF1的输出端开始（L1、L2、L3最后接入），经熔断器、交流接触器的主触点、热继电器FR的热元件到电动机M1、M2的三个线端U、V、W的电路，用导线按顺序串联起来。

主电路连接完整无误后，再连接PLC控制回路。它是从220V单相交流电源小型断路器QF2输出端L、N供给PLC电源，同时L亦作为PLC输出公共端。常开按钮SB1、SB2以及热继电器FR1、FR2的常闭触点均连至PLC的输入端。PLC输出端直接和接触器KM1、KM2的线圈相连。

接好线路，再次检查无误后，进行通电操作。顺序如下：
① 合上小型断路器QF1、QF2，按柜体电源启动按钮，启动电源。
② 连接好电脑和PLC的传输电缆，将编好的程序下载到PLC中。
③ 按启动按钮SB1，注意电动机和接触器的KM1、KM2的运行情况。

### 五、PLC控制三相异步电动机反接制动

#### 1. 电路原理

PLC控制三相异步电动机反接制动电路原理如图9-5所示。

控制原理：反接制动是利用改变电动机电源的相序，使定子绕组产生相反方向的旋转磁场，因而产生制动转矩的一种制动方法。因为电动机容量较大，在电动机正反转换接时，如果操作不当会烧毁接触器。

# 第九章 可编程控制器（PLC）及应用技术

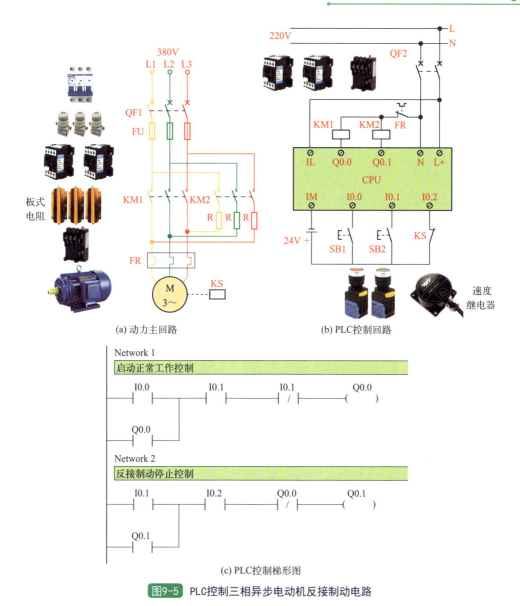

图9-5　PLC控制三相异步电动机反接制动电路

控制过程：按下启动按钮SB1，系统开始工作，在电动机正常运转时，速度继电器KS的常开触点闭合，停车时，按下停止按钮SB2，PLC控制KM1线圈断电，电动机脱离电源，由于此时电动机的惯性还很高，KS的常开触点依然处于闭合状态，PLC控制反接制动接触器KM2线圈通电，其主触点闭合，使电动机定子绕组得到与正常运转相序相反的三相交流电源，电动机进入反接制动状态，电动机转速下降，当电动机转速低于速度继电器动作值时，速度继电器常开触点复位，此时PLC控制KM2线圈断电，反接制动结束。

### 2. 输入/输出元件及控制功能

根据原理及控制要求，列出 PLC I/O 资源分配表（表9-5）。

表9-5　I/O资源分配表

| 名称 | 序号 | 位号 | 符号 | 说明 |
|---|---|---|---|---|
| 输入点 | 1 | I0.0 | SB1 | 启动按钮 |
| 输入点 | 2 | I0.1 | SB2 | 停止按钮 |
| 输入点 | 3 | I0.2 | KS | 速度继电器触点 |
| 输出点 | 1 | Q0.0 | KM1 | 正常工作控制接触器 |
| 输出点 | 2 | Q0.1 | KM2 | 反接制动控制接触器 |

### 3. 电路接线与调试

按照图9-5所示正确接线：主回路电源接三极小型断路器输出端，供电线电压为380V，PLC控制回路电源接二极小型断路器，供电电压为220V。接线时，先接主回路，它是从380V三相交流电源小型断路器QF1的输出端开始（L1、L2、L3最后接入），经熔断器、交流接触器的主触点（KM2主触点与电阻串接后与KM1主触点两相相反并接）、热继电器FR的热元件到电动机M的三个线端U、V、W的电路，用导线按顺序串联起来。

主电路连接完整无误后，再连接PLC控制回路。它是从220V单相交流电源小型断路器QF2输出端L、N供给PLC电源，同时L亦作为PLC输出公共端。常开按钮SB1、SB2均连至PLC的输入端，速度继电器连接至PLC的I0.2输入点。PLC输出端直接和接触器KM1、KM2的线圈相连。

接好线路，经再次检查无误后，进行通电操作。顺序如下：

① 合上小型断路器QF1、QF2，按柜体电源启动按钮，启动电源。

② 连接好电脑和PLC的传输电缆，将编好的程序下载到PLC中。

③ 按启动按钮SB1，注意观察按下SB1前后电动机和接触器的KM1、KM2的运行情况。

④ 按停止按钮SB2，注意观察按下SB2前后电动机和接触器的KM1、KM2的运行情况。

## 六、PLC控制三相异步电动机往返运行

### 1. 电路原理

PLC控制三相异步电动机往返运行电路如图9-6所示。

# 第九章 可编程控制器（PLC）及应用技术

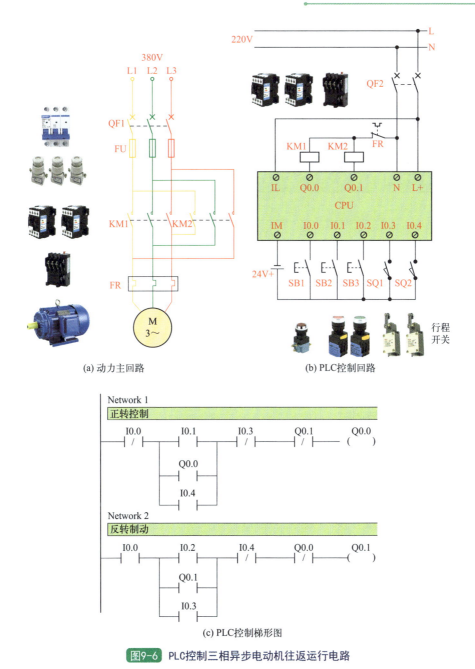

(a) 动力主回路　　(b) PLC控制回路

(c) PLC控制梯形图

图9-6　PLC控制三相异步电动机往返运行电路

控制过程：限位开关SQ1放在左端需要反向的位置，SQ2放在右端需要反向的位置。当按下正转按钮SB2时，PLC输出控制KM1通电，电动机作正向旋转并带动工作台左移。当工作台左移至左端并碰到SQ1时，将SQ1压下，其触点闭合后输入PLC，此时，PLC切断KM1接触器线圈电路，同时接通反转接触器KM2线圈电路，此时电动机由正向旋转变为反向旋转，带动工作台向右移动，直到压下SQ2限位开关电动机由反转变为正转，这样驱动运动部件进行往复循环运动。若按下停止按钮SB1，KM1、KM2均失电，电动机作自由运行至停车。

### 2. 输入/输出元件及控制功能

根据原理及控制要求，列出PLC I/O资源分配表（表9-6）。

表9-6　I/O资源分配表

| 名称 | 序号 | 位号 | 符号 | 说明 |
| --- | --- | --- | --- | --- |
| 输入点 | 1 | I0.0 | SB1 | 停止按钮 |
| | 2 | I0.1 | SB2 | 正转按钮 |
| | 3 | I0.2 | SB3 | 反转按钮 |
| | 4 | I0.3 | SQ1 | 左端行程开关 |
| | 5 | I0.4 | SQ2 | 右端行程开关 |
| 输出点 | 1 | Q0.0 | KM1 | 正转控制接触器 |
| | 2 | Q0.1 | KM2 | 反转控制接触器 |

### 3. 电路接线与调试

按照图9-6所示正确接线：主回路电源接三极小型断路器输出端，供电线电压为380V，PLC控制回路电源接二极小型断路器，供电电压为220V。

接线时，先接动力主回路，它是从380V三相交流电源小型断路器QF1的输出端开始（L1、L2、L3最后接入），经熔断器、交流接触器的主触点（KM1、KM2主触点两相反并接）、热继电器FR的热元件到电动机M的三个线端U、V、W的电路，用导线按顺序串联起来。

主电路连接完整无误后，再连接PLC控制回路。控制回路是从220V单相交流电源小型断路器QF2输出端L、N供给PLC电源，同时L亦作为PLC输出公共端。常开按钮SB1、SB2、SB3、SQ1、SQ2均连至PLC的输入端。PLC输出端直接和接触器KM1、KM2的线圈相连。

接好线路，经再次检查无误后，可进行通电操作。顺序如下：
① 合上小型断路器QF1、QF2，按柜体电源启动按钮，启动电源。
② 连接好电脑和PLC的传输电缆，将编好的程序下载到PLC中。
③ 按下正转按钮SB2，注意观察电动机和接触器的KM1、KM2的运行情况。
④ 按下停止按钮SB2，对电动机M进行停止操作，再按下反转按钮SB3，此时需要观察电动机和接触器的KM1、KM2的运行情况。

## 第六节　触摸屏及应用

触摸屏作为一种人机交互装置，由于具有坚固耐用、反应速度快、节省空间、易于交流等许多优点得到日益广泛的应用。按照触摸屏的工作原理和传输信息的介质，触摸屏可以分为四种：电阻式、电容感应式、红外线式以及表面声波式。当前工控领域应用的触摸屏有很多品牌，如三菱、西门子、昆仑通态、Wincc等，本章以三菱、昆仑通态为例介绍。为了方便读者选择性、针对性学习，这部分内容做成了电子版，读者可以扫描二维码下载学习。

### 一、触摸屏及其软件基础

1. 常见触摸屏
2. 认识MCGS嵌入版组态软件
3. MCGS嵌入版组态软件的安装
4. 触摸屏、PLC和计算机的连接
5. MCGS嵌入版组态软件在触摸屏上的应用

触摸屏及其软件基础

### 二、触摸屏应用实例

1. 触摸屏与PLC控制电动机正/反转组态应用
2. 触摸屏与PLC控制电动机的变频运行
3. 人机界面控制步进电动机三相六拍运行
4. 人机界面控制指示灯循环移位
5. 人机界面控制指示灯循环左移和右移

触摸屏应用实例

## 第七节　人机交互界面触摸屏及仿真、应用

## 第八节　PLC变频器综合应用

### 一、变频器的PID控制电路

在工程实际中应用最为广泛的调节器控制规律为比例-积分-微分控制，简称PID控制，又称PID调节。实际中也有PI和PD控制。PID控制器就是根据系统的误差，利用比例、积分、微分计算出控制量进行控制的。

（1）PID控制原理　PID控制是一种闭环控制。下面以图9-7所示的恒压供水系统来说明PID控制原理。

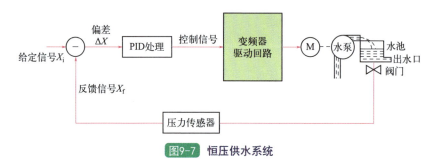

图9-7　恒压供水系统

电动机驱动水泵将水抽入水池，水池中的水除了经出水口提供用水外，还经阀门送到压力传感器，传感器将水压大小转换成相应的电信号 $X_f$，$X_f$ 反馈到比较器与给定信号 $X_i$ 进行比较，得到偏差信号 $\Delta X$（$\Delta X = X_i - X_f$）。

若 $\Delta X > 0$，表明水压小于给定值，偏差信号经PID处理得到控制信号，控制变频器驱动回路，使之输出频率上升，电动机转速加快，水泵抽水量增多，水压增大。

若 $\Delta X < 0$，表明水压大于给定值，偏差信号经PID处理得到控制信号，控制变频器驱动回路，使之输出频率下降，电动机转速变慢，水泵抽水量减少，水压下降。

若 $\Delta X = 0$，表明水压等于给定值，偏差信号经PID处理得到控制信号，控制变频器驱动回路，使之频率不变，电动机转速不变，水泵抽水量不变，水压不变。

控制回路的滞后性，会使水压值总与给定值有偏差。例如，当用水量增多、水压下降时，电路需要对有关信号进行处理，再控制电动机转速变快，提高水泵抽水量，从压力传感器检测到水压下降到控制电动机转速加快，提高抽水量，恢复水压需要一定时间，通过提高电动机转速恢复水压后，系统又要将电动机转速调回正常值，这也需要一定时间，在这段回调时间内水泵抽水量会偏多，导致水压又增大，又需进行反馈。这样的结果是水池水压会在给定值上下波动（振荡），即水压不稳定。

采用PID处理可以有效减小控制环路滞后和过调问题（无法彻底消除）。PID包括P处理、I处理和D处理。P（比例）处理是将偏差信号$\Delta X$按比例放大，提高控制的灵敏度；I（积分）处理是对偏差信号进行积分处理，缓解P处理比例放大量过大引起的超调和振荡；D（微分）是对偏差信号进行微分处理，以提高控制的迅速性。对于PID的参数设定，需要参看使用说明书。

（2）典型控制电路　图9-8所示是一种典型的PID控制应用电路。在进行PID控制时，先要接好线路，然后设置PID控制参数，再设置端子功能参数，最后操作运行。

① PID控制参数设置（不同变频器设置不同，以下设置仅供参考）。图9-8所示电路的PID控制参数设置见表9-7。

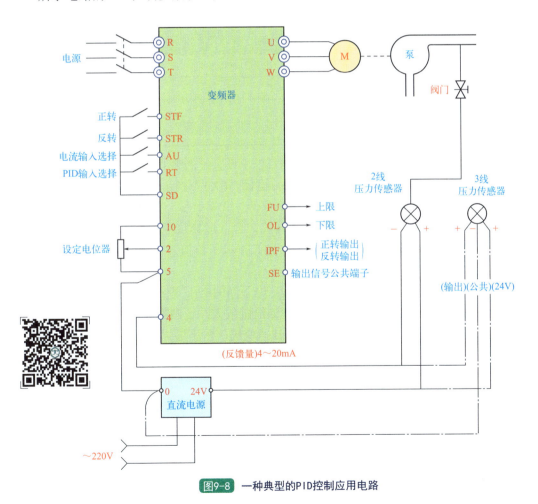

图9-8　一种典型的PID控制应用电路

② 端子功能参数设置（不同变频器设置不同，以下设置仅供参考）。PID控制时需要通过设置有关参数定义某些端子功能。端子功能参数设置见表9-8。

表9-7 PID控制参数设置

| 参数及设置值 | 说明 |
| --- | --- |
| Pr.128=20 | 将端子4设为PID控制的压力检测输入端 |
| Pr.129=30 | 将PID比例调节设为30% |
| Pr.130=10 | 将积分时间常数设为10s |
| Pr.131=100% | 设定上限值范围为100% |
| Pr.132=0 | 设定下限值范围为0 |
| Pr.133=50% | 设定PU操作时的PID控制设定值（外部操作时，设定值由2-5端子间的电压决定）|
| Pr.134=3s | 将积分时间常数设为3s |

表9-8 端子功能参数设置

| 参数及设置值 | 说明 |
| --- | --- |
| Pr.183=14 | 将RT端子设为PID控制端，用于启动PID控制 |
| Pr.192=16 | 设置IPF端子输出正反转信号 |
| Pr.193=14 | 设置OL端子输出下限信号 |
| Pr.194=15 | 设置FU端子输出上限信号 |

③ 操作运行（不同变频器设置不同，以下设置仅供参考）：

a.设置外部操作模式。设定Pr.79=2，面板"EXT"指示灯亮，指示当前为外部操作模式。

b.启动PID控制。将AU端子外接开关闭合，选择端子4电流输入有效，将RT端子外接开关闭合，启动PID控制；将STF端子外接开关闭合，启动电动机正转。

c.改变给定值。调节设定电位器，2-5端子间的电压变化，PID控制的给定值随之变化，电动机转速会发生变化，例如给定值大，正向偏差（$\Delta X > 0$）增大，相当于反馈值减小，PID控制使电动机转速变快，水压增大，端子4的反馈值增大，偏差慢慢减小，当偏差接近0时，电动机转速保持稳定。

d.改变反馈值。调节阀门，改变水压大小来调节端子4输入的电流（反馈值），PID控制的反馈值变大，相当于给定值减小，PID控制使电动机转速变慢，水压减小，端子4的反馈值减小，偏差慢慢减小，当偏差接近0时，电动机转速保持稳定。

e.PU操作模式下的PID控制。设定Pr.79=1，面板"PU"指示灯亮，指示当前为PU操作模式。按"FWD"或"REV"键，启动PID控制，运行在Pr.133设定值上，按"STOP"键停止PID运行。

（3）电气控制部件与作用　控制线路所选元器件作用表如表9-9所示。

表9-9　电路所选元器件作用表

| 名称 | 符号 | 元器件外形 | 元器件作用 |
| --- | --- | --- | --- |
| 断路器 | QF | | 主回路过流保护 |
| 变频器 | BP $f_1/f_2$ | | 应用变频技术与微电子技术，通过改变电动机工作电源频率方式来控制交流电动机 |
| 旋钮开关 | SA | | 在电气自动控制电路中，用于手动发出控制信号以控制交流接触器、继电器、电磁启动器，变频器、控制器等 |
| 水压传感器 | PT　P | | 用于被测水压的压力转换，输出一个相对应压力的标准测量信号 |
| 可调电位器 | R | | 用作分压器 |
| 直流电源 | AC～DC | | 将交流电变成直流电 |
| 电动机 | M 3~ | | 拖动、运行 |

注：对于元器件的选择，电气参数要符合，具体元器件的型号和外形要根据现场要求和实际配电箱结构选择。

（4）电路接线组装　变频器的PID控制应用电路接线组装如图9-9所示。

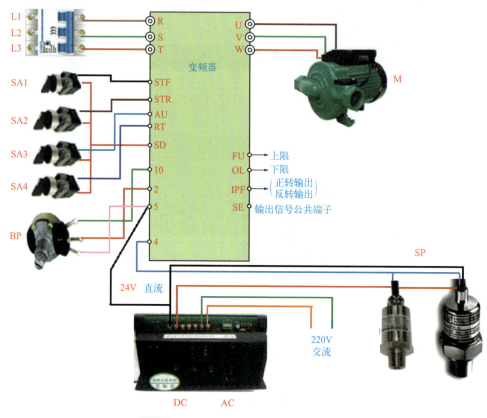

图9-9　变频器的PID控制应用电路接线组装

（5）电路调试与检修　对于用PID调节的变频器控制电路，这些开关根据需要而设定，设有传感器进行反馈。若变频器能够正常输出，电动机能够运转，只是PID调节器失控，则是PID输入传感器出现故障，可以运用代换法进行检修。如果属于电子电路故障，可用万用表直接去测量检查元器件、直流电源部分是否输出了稳定电压；当电源部分输出了稳定电压以后，而反馈电路不能够正常反馈信号，说明是反馈电路出现问题，如用万用表测量反馈信号能够返回，仍不能进行PID调节，说明变频器内部电路出现问题，直接维修或更换变频器。

## 二、PLC与变频器组合实现电动机正反转控制电路

PLC与变频器连接构成的电动机正反转控制电路图如图9-10所示。

（1）参数设置（不同变频器设置不同，以下设置仅供参考）　在用PLC连接变频器进行电动机正反转控制时，需要对变频器进行有关参数设置，具体见表9-28。

# 第九章 可编程控制器（PLC）及应用技术

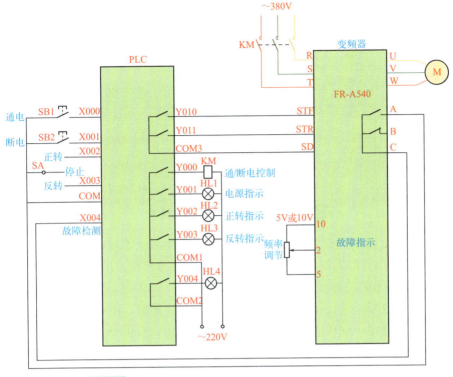

图9-10　PLC与变频器连接构成的电动机正反转控制电路图

表9-10　变频器的有关参数及设置值

| 参数名称 | 参数号 | 设置值 |
| --- | --- | --- |
| 加速时间 | Pr.7 | 5s |
| 减速时间 | Pr.8 | 3s |
| 加、减速基准频率 | Pr.20 | 50Hz |
| 基底频率 | Pr.3 | 50Hz |
| 上限频率 | Pr.1 | 50Hz |
| 下限频率 | Pr.2 | 0 Hz |
| 运行模式 | Pr.79 | 2 |

（2）编写程序（变频器不同程序有所不同，以下程序仅供参考）　变频器有关参数设置好后，还要给PLC编写控制程序。电动机正反转控制的PLC程序如图9-11所示。

下面说明PLC与变频器实现电动机正反转控制的工作原理。

① 通电控制。当按动通电按钮开关SB1时，PLC的X000端子输入为ON，它使程序中的[0]X000常开触点闭合，"SET Y000"指令执行，线圈Y000被置1，Y000端子内部的硬触点闭合，交流接触器KM线圈得电，KM主触点闭合，将

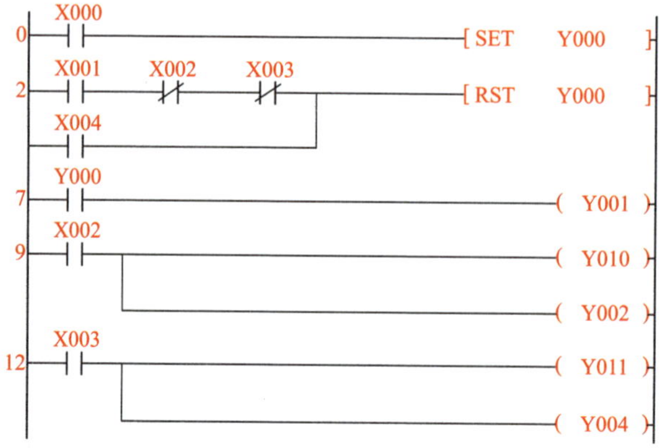

图9-11 电动机正反转控制的PLC程序

380V的三相交流电送到变频器的R、S、T端，Y000线圈置1还会使[7]Y000常开触点闭合，Y001线圈得电，Y001端子内部的硬触点闭合，HL1指示灯通电点亮，指示PLC作出通电控制。

② 正转控制。当三挡开关SA置于"正转"位置时，PLC的X002端子输入为ON，它使程序中的[9]X002常开触点闭合，Y010、Y002线圈均得电，Y010线圈得电使Y010端子内部硬触点闭合，将变频器的STF、SD端子接通，即STF端子为ON，变频器输出电源使电动机正转，Y002线圈得电后使Y002端子内部硬触点闭合，HL2指示灯通电点亮，指示PLC作出正转控制。

③ 反转控制。将三挡开关SA置于"反转"位置时，PLC的X003端子输入为ON，它使程序中的[12]X003常开触点闭合，Y011、Y003线圈均得电。Y011线圈得电使Y011端子内部硬触点闭合，将变频器的STR、SD端子接通，即STR端子输入为ON，变频器输出电源使电动机反转，Y003线圈得电后使Y003端子内部硬触点闭合，HL3灯通电点亮，指示PLC作出反转控制。

④ 停转控制。在电动机处于正转或反转时，若将SA开关置于"停止"位置，X002或X003端子输入为OFF，程序中的X002或X003常开触点断开，Y010、Y022或Y011、Y003线圈失电，Y010、Y002或Y011、Y003端子内部硬触点断开，变频器的STF或STR端子输入为OFF，变频器停止输出电源，电动机停转，同时HL2或HL3指示灯熄灭。

⑤ 断电控制。当SA置于"停止"位置使电动机停转时，若按动断电按钮开关SB2，PLC的X001端子输入为ON，它使程序中的[2]X001常开触点闭合，执行"RST Y000"指令，Y000线圈被复位失电，Y000端子内部的硬触点断开，交流接触器KM线圈失电，KM主触点断开，切断变频器的输入电源，Y000线圈失电还会使[7]Y000常开触点断开，Y001线圈失电，Y001端子内部的硬触点断开，HL1灯熄灭。如果SA处于"正转"或"反转"位置，[2]X002或X003常闭触点

断开，无法执行"RST Y000"指令，即电动机在正转或反转时，操作SB2按钮开关是不能断开变频器输入电源的。

⑥ 故障保护。如果变频器内部保护功能动作，A、C端子间的内部触点闭合，PLC的X004端子输入为ON，程序中的X004常开触点闭合，执行"RST Y000"指令，Y000端子内部的硬触点断开，交流接触器KM线圈失电，KM主触点断开，切断变频器的输入电源，保护变频器。

（3）电气控制部件与作用  控制线路所选元器件作用表如表9-11所示。

表9-11  电路所选元器件作用表

| 名称 | 符号 | 元器件外形 | 元器件作用 |
| --- | --- | --- | --- |
| 变频器 | BP | | 应用变频技术与微电子技术，通过改变电动机工作电源频率方式来控制交流电动机 |
| 三菱PLC | | | 三菱PLC是一种集成型小型单元式PLC，具有完整的性能和通信等扩展性 |
| 按钮开关 | SB | | 停止控制的设备 |
| | SB | | 启动控制的设备 |
| 三挡钮子开关 | SA 正转 停止 反转 | | 钮子开关是一种手动控制开关，用于交直流电源电路和控制电路的通断控制 |
| 交流接触器 | KM | | 快速切断交流主回路的电源，开启或停止设备的工作 |
| 可调电位器 | R | | 用作分压器 |
| 指示灯 | HL | | 标示哪路线路的哪个器件得电 |
| 电动机 | M 3~ | | 拖动、运行 |

注：对于元器件的选择，电气参数要符合，具体元器件的型号和外形要根据现场要求和实际配电箱结构选择。

（4）电路接线组装　电路原理图如图9-12所示。实际接线图如图9-13所示。

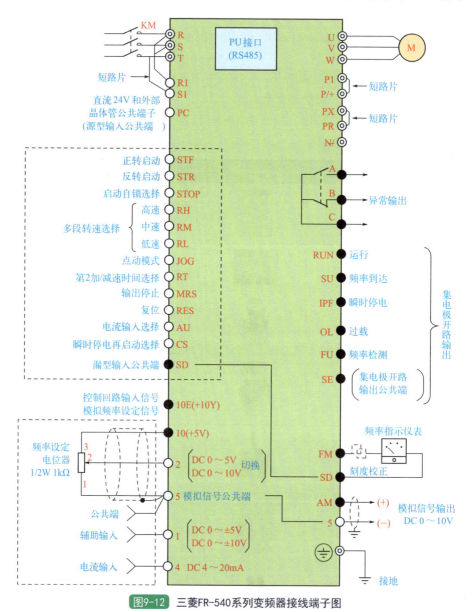

图9-12　三菱FR-540系列变频器接线端子图

（5）电路调试与检修　当PLC控制的变频器正反转电路出现故障时，可以采用电压跟踪法进行检修，首先确认输入电路电压是否正常，检查变频器的输入点电压是否正常，检查PLC的输出点电压是否正常，最后检查PLC到变频器控制端电压是否正常。检查外围元器件是否正常，如外围元器件正常，应该是变频器或PLC故障，可以用代换法进行更换，也就是先代换一个变频器，如果能正常工作，说明是变频器故障，如果不能正常工作，说明是PLC故障，这时检查PLC的程序、供电是否出现问题，如果PLC的程序、供电没有问题，应该是PLC的自身出现故障，一般可以用PLC编程器直接对PLC进行编程试验。

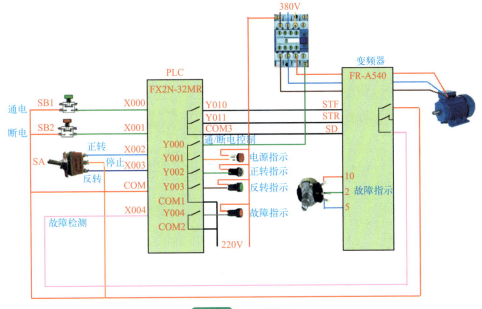

图9-13 实际接线图

**注意** 对PLC编程不理解时建议不要改变其程序，以免发生其他故障或损坏PLC。

### 三、PLC与变频器组合实现多挡转速控制电路

变频器可以连续调速，也可以分挡调速。FR-A540变频器有RH（高速）、RM（中速）和RL（低速）三个控制端子，通过这三个端子的组合输入，可以实现七挡转速控制。

（1）控制电路图　PLC与变频器连接实现多挡转速控制的电路图如图9-14所示。

（2）参数设置（变频器不同，设置有所不同，以下设置仅供参考）　在用PLC对变频器进行多挡转速控制时，需要对变频器进行有关参数设置，参数可分为基本运行参数和多挡转速参数，具体见表9-12。

（3）编写程序（变频器不同，程序有所不同，以下程序仅供参考）　多挡转速控制的PLC程序如图9-15所示。

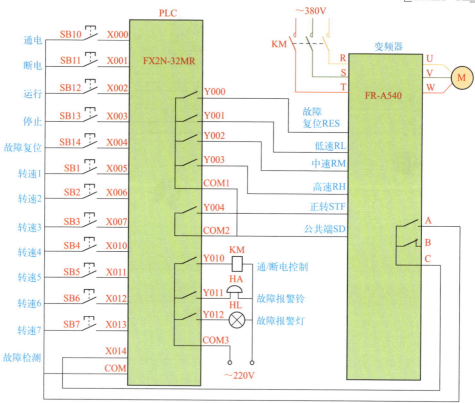

图9-14 PLC与变频器连接实现多挡转速控制的电路图

表9-12 变频器的有关参数及设置值

| 分类 | 参数名称 | 参数号 | 设定值 |
| --- | --- | --- | --- |
| 基本运行参数 | 转矩提升 | Pr.0 | 5% |
| | 上限频率 | Pr.1 | 50Hz |
| | 下限频率 | Pr.2 | 5Hz |
| | 基底频率 | Pr.3 | 50Hz |
| | 加速时间 | Pr.7 | 5s |
| | 减速时间 | Pr.8 | 4s |
| | 加、减速基准频率 | Pr.20 | 50Hz |
| | 操作模式 | Pr.79 | 2 |

续表

| 分类 | 参数名称 | 参数号 | 设定值 |
|---|---|---|---|
| 多挡转速参数 | 转速1（RH为ON时） | Pr.4 | 15Hz |
| | 转速2（RM为ON时） | Pr.5 | 20Hz |
| | 转速3（RL为ON时） | Pr.6 | 50Hz |
| | 转速4（RM、RL均为ON时） | Pr.24 | 40Hz |
| | 转速5（RH、RL均为ON时） | Pr.25 | 30Hz |
| | 转速6（RH、RM均为ON时） | Pr.26 | 25Hz |
| | 转速7（RH、RM、RL均为ON时） | Pr.27 | 10Hz |

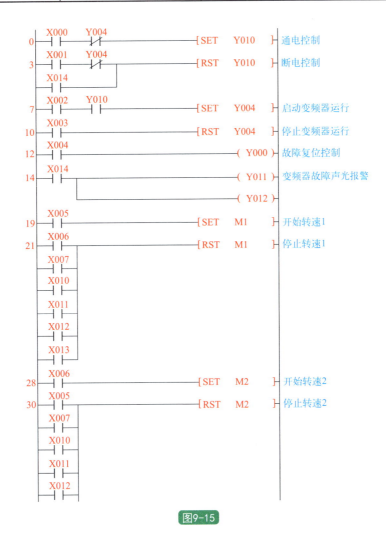

图9-15

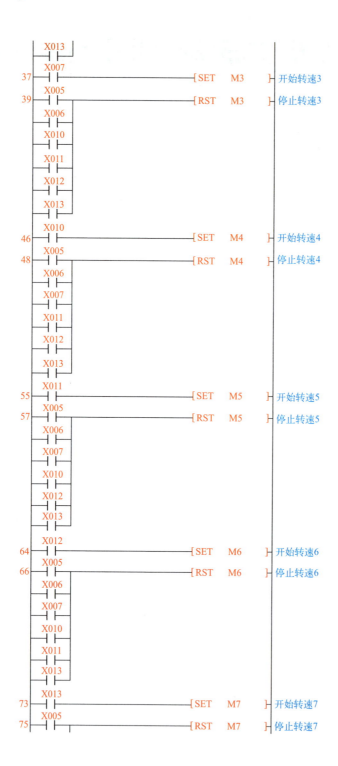

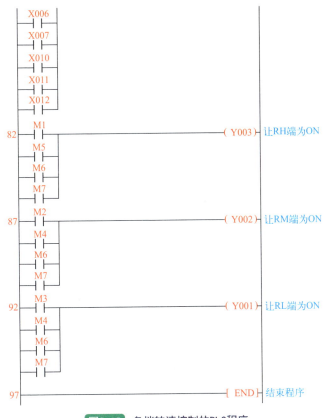

图9-15 多挡转速控制的PLC程序

（4）程序详解　下面说明PLC与变频器实现多挡转速控制的工作原理。

① 通电控制。当按动通电按钮开关SB10时，PLC的X000端子输入为ON，它使程序中的[0]X000常开触点闭合，"SET Y010"指令执行，线圈Y010被置1，Y010端子内部的硬触点闭合，交流接触器KM线圈得电，KM主触点闭合，将380V的三相交流电送到变频器的R、S、T端。

② 断电控制。当按动断电按钮开关SB11时，PLC的X001端子输入为ON，它使程序中的[3]X001常开触点闭合，"RST Y010"指令执行，线圈Y010被复位失电，Y010端子内部的硬触点断开，交流接触器KM线圈失电，KM主触点断开，切断变频器R、S、T端的输入电源。

③ 启动变频器运行。当按动运行按钮开关SB12时，PLC的X002端子输入为ON，它使程序中的[7]X002常开触点闭合，由于Y010线圈已得电，它使Y010常开触点处于闭合状态，"SET Y004"指令执行，Y004线圈被置1而得电，Y004端子内部硬触点闭合，将变频器的SEF、SD端子接通，即STF端子输入为ON，变频器输出电源，启动电动机正向运转。

④ 停止变频器运行。当按动停止按钮开关SB13时，PLC的X003端子输入为ON，它使程序中的[10]X003常开触点闭合，"RST Y004"指令执行，Y004线圈被复位而失电，Y004端子内部硬触点断开，将变频器的STF、SD端子断开，即STF端子输入为OFF，变频器停止输出电源，电动机停转。

⑤ 故障报警及复位。如果变频器内部出现异常而导致保护电路动作时，A、C端子间的内部触点闭合，PLC的X004端子输入ON，程序中的[14]X014常开触点闭合，Y011、Y012线圈得电，Y011、Y012端子内部硬触点闭合，报警铃和报警灯均得电而发出声光报警，同时[3]X014常开触点闭合，"RST Y010"指令执行，线圈Y010被复位失电，Y010端子内部的硬触点断开，交流接触器KM线圈失电，KM主触点断开，切断变频器R、S、T端的输入电源。变频器故障排除后，当按动故障按钮开关SB14时，PLC的X004端子输入为ON，它使程序中的[12]X004常开触点闭合，Y000线圈得电，变频器的RES端输入为ON，解除保护电路的保护状态。

⑥ 转速1控制。变频器启动运行后，按动按钮开关SB1（转速1），PLC的X005端子输入为ON，它使程序中的[19]X005常开触点闭合，"SET N1"指令执行，线圈M1被置1，[82]M1常开触点闭合，Y003线圈得电，Y003端子内部的硬触点闭合，变频器的RH端输入为ON，让变频器输出转速1设定频率的电源驱动电动机运转。按动SB2-SB7的某个按钮开关，会使X006-X013中的某个常开触点闭合，"RST M1"指令执行，线圈M1被复位失电，[82]M1常开触点断开，Y003线圈失电，Y003端子内部的硬触点断开，变频器的RH端输入为OFF，停止按转速1运行。

⑦ 转速4控制。按动按钮开关SB4（转速4），PLC的X010端子输入为ON，它使程序中的[46]X010常开触点闭合，"SET M4"指令执行，线圈M4被置1，[87]、[92]M4常开触点均闭合，Y002、Y001线圈均得电，Y002、Y001端子内部的硬触点均闭合，变频器的RM、RL端输入均为ON，让变频器输出转速4设定频率的电源驱动电动机运转。按动SB1-SB3或SB5-SB7中的某个按钮开关，会使Y005-Y007或Y011-Y013中的某个常开触点闭合，"RST M4"指令执行，线圈M4被复位失电，[87]、[92]M4常开触点均断开，Y002、Y001线圈失电，Y002、Y001端子内部的硬触点均断开，变频器的RM、RL端输入均为OFF，停止按钮开关转速4运行。

其他转速控制与上述转速控制过程类似，这里不再叙述。RH、RM、RL端输入状态与对应的速度关系如图9-16所示。

（5）电路接线组装　电路接线组装如图9-17所示。

（6）电路调试与检修　在这个电路中，PLC通过外接开关实现电动机的多挡速旋转。出现故障后，直接用万用表检查外部的控制开关是否毁坏，连接线是否

# 第九章 可编程控制器（PLC）及应用技术

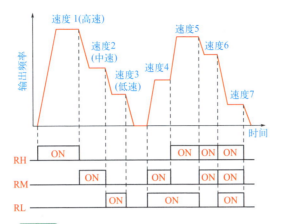

图9-16　RH、RM、RL端输入状态与对应的速度关系

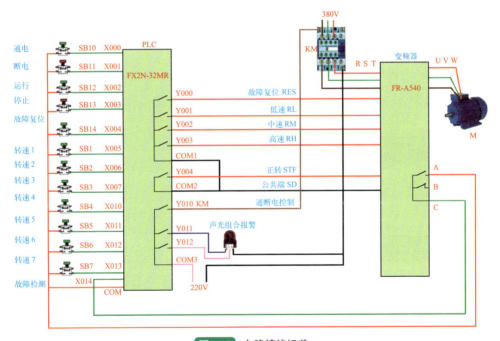

图9-17　电路接线组装

有断路的故障，如果外部器件包括交流接触器毁坏，应直接更换。如果PLC的程序没有问题，应该是变频器出现故障。如果PLC没有办法输入程序，应该是PLC毁坏，更换PLC并重新输入程序。若变频器毁坏，可以更换或维修变频器。

另外，在PLC电路中还设有报警铃和报警灯，若其出现故障，应检查外围的电铃及指示灯是否毁坏，查找PLC程序。

# 第十章 电工常用计算

**第一节　交流电路计算**

**第二节　直流电路计算**

**第三节　变压器常用计算**

**第四节　电动机常用计算**

**第五节　导线的截面选择计算**

**第六节　高、低压电器选择计算**

# 第十一章 电工用电安全

电力安全生产不仅关系到电力系统自身的稳定、效益和发展,而且直接影响广大电力用户的利益和安全,影响国民经济的健康发展、社会秩序的稳定和人民日常生产和生活。国民经济的迅速发展、社会的不断进步和人民生活水平的日益提高,不仅对电力行业提出了相应的发展要求,而且对电力安全生产也提出了更高的要求。

为了便于读者学习,将低压电工应知、应会的安全知识做成了电子版,读者可以通过扫描二维码下载学习。

电工人员安全须知

电气安全管理

电气保护接地与接零

电气火灾的扑灭与安全要求

灭火器与消防栓的使用

触电急救

# 附录　电工操作与 PLC 编程视频教学

## 一、电工操作与电动机维修视频教学

万用表的使用方法

万用表检测电阻

万用表检测电位器

万用表检测电容

万用表检测电感器

万用表检测变压器

万用表检测二极管

步进电机的检测

伺服电机拆装与测量技术

伺服电机与编码器测量

伺服驱动器端子与外设连接

单相电动机接线

单相电机绕组检测

电动机的性能指标及选择与安装

电动机的种类与型号

电动机接线捆扎

电动机浸漆

三相电动机双层绕组嵌线全过程

三相电机绕组检测

三相电机双层绕组的展开图接线与嵌线步骤

无刷直流电动机的拆卸

无刷直流电动机的接线

无刷直流电动机的绝缘和绕组制备

无刷直流电动机的组装

## 二、西门子S7-1200/1500 PLC编程视频教学

西门子 S7-1200 PLC 用户程序结构

边沿检测指令

保持型接通延时定时器

PLC 计数器的基本知识

MM420 变频器的应用 1

MM420 变频器的应用 2

变频器的 PID 控制运行操作

搬运机械手 PLC 控制程序的设计——综合控制

搬运机械手 PLC 控制系统的设计——电路设计、元器件选择、布线工艺

搬运机械手 PLC 控制系统的设计 – 控制要求

搬运机械手 PLC 控制系统的设计 – 连续运行

皮带运输机 PLC 控制系统的设计原则、设计内容、设计步骤

皮带运输机 PLC 控制系统的设计——控制要求

电镀生产线 PLC 控制系统

电镀生产线博途软件中使用 PLC 与 HMI 组态

三相交流异步电动机正反转控制线路

## 三、三菱PLC 编程入门视频教学

GX Developer 编程软件和 GX Simulator 仿真软件的应用

GX-Simulator 软件的安装

梯形图设计

站点呼叫小车 PLC 控制

运料小车控制 PLC 控制

|  |  |  |  |  |
|---|---|---|---|---|
| 小车往返运行 PLC 控制 | 电动机的启停控制 | 电动机的正反转控制 | 三相异步电机三速控制 | 报警灯控制 |

霓虹灯控制　　汽车自动清洗机控制　　搅拌机控制　　传送带控制　　传送带产品检测 PLC 控制

步进电机控制　　停车场停车位 PLC 控制

# 参考文献

[1] 金代中. 图解维修电工操作技能. 北京：中国标准出版社，2002.

[2] 郑凤翼，杨洪升，等. 怎样看电气控制电路图. 北京：人民邮电出版社，2003.

[3] 刘光源. 实用维修电工手册. 上海：上海科学技术出版社，2004.

[4] 王兰君，张景皓. 看图学电工技能. 北京：人民邮电出版社，2004.

[5] 徐第，等. 安装电工基本技术. 北京：金盾出版社，2001.

[6] 蒋新华. 维修电工. 沈阳：辽宁科学技术出版社，2000.

[7] 曹振华. 实用电工技术基础教程. 北京：国防工业出版社，2008.

[8] 曹祥. 工业维修电工. 北京：中国电力出版社，2008.

[9] 孙华山，等. 电工作业. 北京：中国三峡出版社，2005.

[10] 曹祥. 智能建筑弱电工. 北京：中国电力出版社，2008.

[11] 张振文. 电工手册. 北京：化学工业出版社，2018.

## 化学工业出版社专业图书推荐

| ISBN | 书名 | 定价/元 |
| --- | --- | --- |
| 40448 | 低压电工入门考证视频教程 | 69.8 |
| 40861 | 高压电工上岗考证视频教程 | 89 |
| 40059 | 图解电气二次回路：识图·分析·安装·调试·维修 | 79 |
| 40138 | 看视频零基础学修电动机 | 69.8 |
| 30600 | 电工手册（双色印刷+视频讲解） | 108 |
| 39119 | 电子设计与制作：电路分析·器件选择·设计仿真·制作实例 | 79.8 |
| 30660 | 电动机维修从入门到精通（彩色图解+视频） | 78 |
| 38618 | 伺服控制系统与PLC、变频器、触摸屏应用技术 | 99 |
| 39019 | 精通伺服控制技术及应用 | 99 |
| 38499 | 看视频零基础学水电工现场施工技能 | 49.8 |
| 38164 | 看视频零基础学电工 | 58 |
| 38205 | 零基础学用万用表 | 49.8 |
| 37302 | 电工电路从入门到精通 | 89.8 |
| 36514 | 示波器使用与维修从入门到精通 | 58 |
| 37071 | 高低压电工手册 | 128 |
| 36120 | 电子元器件一本通 | 79.8 |
| 35977 | 零基础学三菱PLC技术 | 89.8 |
| 35427 | 电工自学、考证、上岗一本通 | 89.8 |
| 35080 | 51单片机C语言编程从入门到精通 | 79.8 |
| 34921 | 电气控制线路：基础·控制器件·识图·接线与调试 | 108 |
| 33098 | 变频器维修从入门到精通 | 59 |
| 35087 | 家装水电工识图、安装、改造一本通 | 89.8 |
| 34471 | 电气控制入门及应用：基础·电路·PLC·变频器·触摸屏 | 99 |
| 33648 | 经典电工电路（彩色图解+视频教学，140种电路，140短视频） | 99 |
| 33807 | 从零开始学电子制作 | 59.8 |
| 33713 | 从零开始学电子电路设计（双色印刷+视频教学） | 79.8 |
| 32026 | 从零开始学万用表检测、应用与维修（全彩视频版） | 78 |
| 30520 | 电工识图、布线、接线与维修（双色+视频） | 68 |
| 29892 | 从零开始学电子元器件（全彩印刷+视频） | 49.8 |

欢迎订阅以上相关图书　　欢迎关注-一起学电工电子
图书详情及相关信息浏览：请登录 www.cip.com.cn

一起学电工电子　　工控课堂